M48A3

湾岸戦争/イラク戦争タンクバトル!

ベトナム戦争戦車対決！
T-54

ランス）
T-55(イラク)
T-62(イラク)
M1A1(アメリカ)
T-72(イラク)
チャレンジャー2
(イギリス)

戦後編V型

ベトナム戦争・湾岸戦争

文/田村尚也
イラスト/野上武志

萌えよ！戦車学校　戦後編V型　開始！
ゴォ…
ウクライナの冬は冷えるねー
ナターリャは？
ワタシ今ウクライナの子ー
アロナは…？
イスラエルで動員されてるー
今私たちはウクライナ某所にいます

シャレになんないです…
本当にね…
本書も「戦後編」って銘打ってるけど
もはや新たな「戦前編」になっちゃうのかしら

大体ね…
こんな戦争×美少女なジャンルなんてのは世の中が平和だからこそできるキワモノジャンルなのよ　それがリアルに戦争されるとこちとら商売あがったりなのよワカル？あー泣きたい…
教官教官
仕事してー

ズズ
教官！
こっちデス！

ズズズズ
ロシア軍の…
戦車とトラックの車列ね
プーン…

プーーン
ゴン

ドローンだ…
最近は
戦車の価値が見直されると同時に
新たな課題も見えてきたわ

なぜこうなったのか——
それを知るためには
歴史を知っておくことが大事なの！
じゃいっくよー！

萌えよ！戦車学校

戦後編 V型！

インドシナ戦争
戦勝国フランスはいかにして
でてけ！
ベトナムから追い出されたのか
ディエンビエンフーの戦い！
ゴゴゴゴ
フへへ…次はこのワタシが相手だ！
ぬうっ貴様は!?

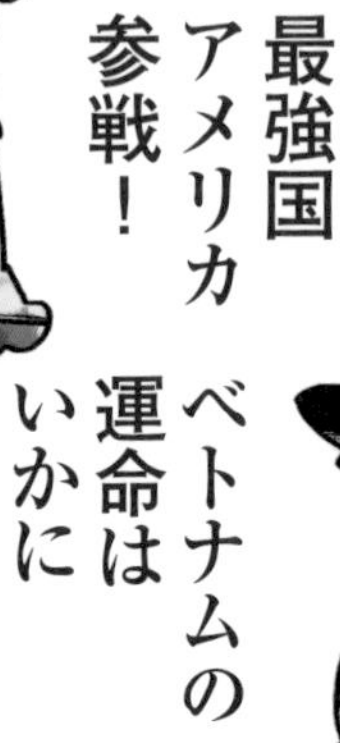
最強国アメリカ参戦！
ベトナムの運命はいかに
ベトナム戦争前編

アメリカは深く傷ついて撤退！
残された南ベトナムの運命は？
今日はこの辺にしといたる…
ベトナム戦争後半

アラブとペルシャが大激突！
イラン・イラク戦争！

イラクのフセインとの戦い！
湾岸戦争及び――
2003年のイラク戦争!!
この辺でもう現在に追いついちゃったけど…

そして書き下ろしはアフガニスタン！
ワー
ワー
2021年8月のアメリカ軍アフガン撤退は
間接的にウクライナ戦争に繋がっていくのね…
さあ！
いよいよ歴史と現在が繋がる！
このあとすぐ！

インドシナ戦争　登場戦車カラー図版集

図版／田村紀雄

1946年～1947年、インドシナのトンキンに駐留していたフランス軍が運用していた、元日本陸軍の九五式軽戦車ハ号

1954年6月、植民地道（国道）19号線に展開していたフランス第100機動群第5胸甲騎兵連隊のM5A1スチュアート

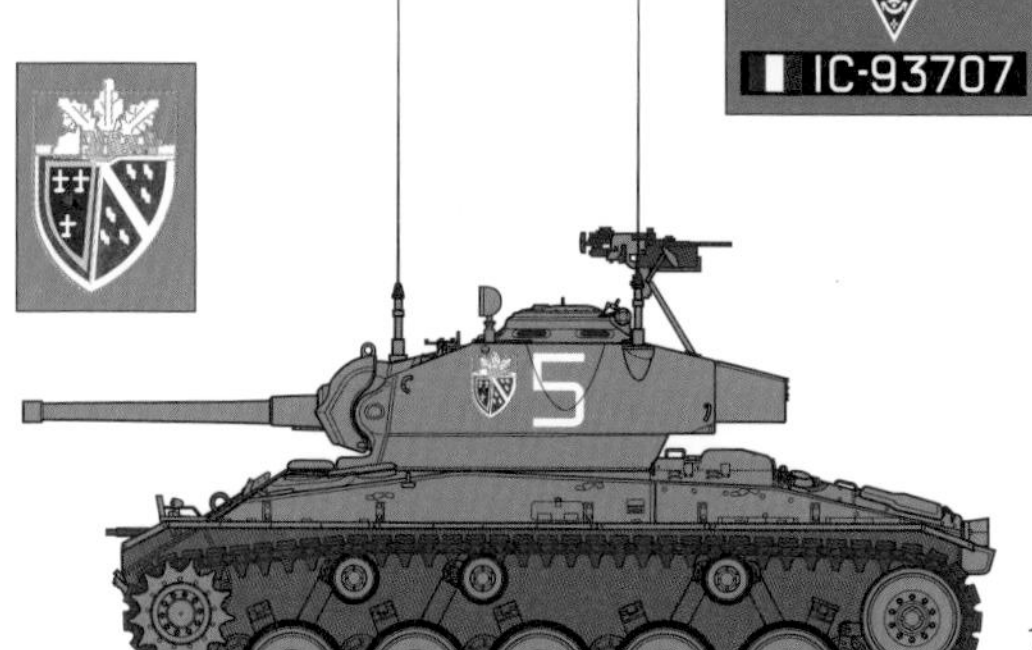

1953年10月、ベトナム北部での「ムエット」作戦に参加するためトンキンに展開した、フランス第1猟騎兵連隊のM24チャーフィー

1953年～1954年、トンキンに駐留していたフランス第1外人騎兵連隊のLVT-4

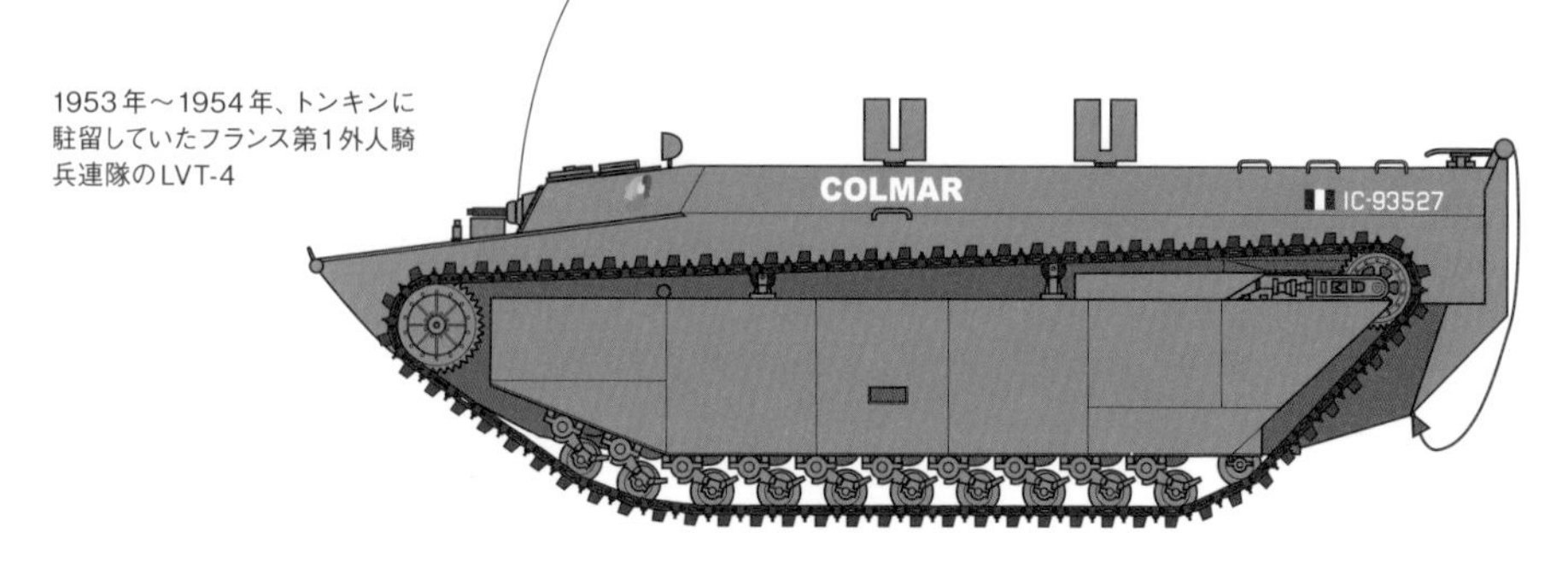

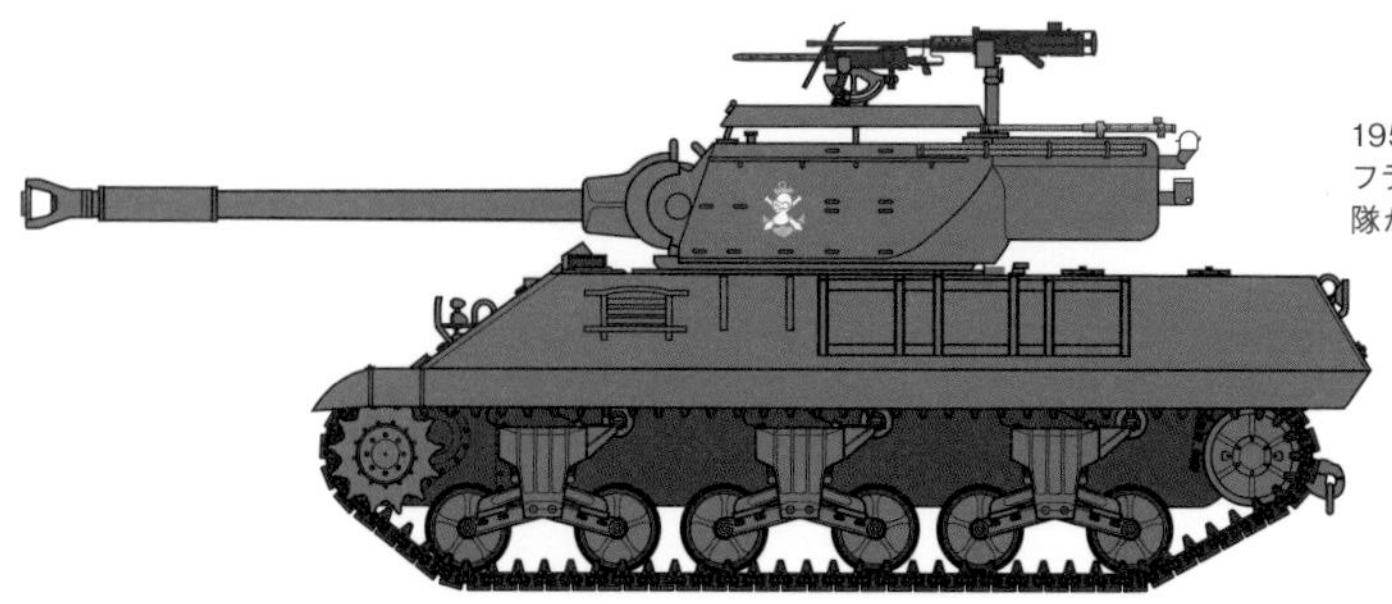

1951年、トンキンに展開中のフランス軍極東植民地装甲連隊が装備していたM36B2

ベトナム戦争

ベトナム戦争に参加したアメリカ陸軍第10騎兵連隊第1大隊のM48A3パットン。防盾の前面には赤で「ZIG ZAG MEN」と描かれていた

1969年、ベトナムとカンボジア国境付近に展開していたアメリカ陸軍第11機甲騎兵連隊のM551シェリダン。車体側面には「canary cage（カナリアの鳥かご）」と描かれている

南ベトナム軍のM113A1。7.62mm機関銃2挺のM74C銃塔を追加装備しており、車体側面にはサメのマーキングが描かれている

1972年、クアンチの戦いで南ベトナム軍第20戦車連隊が運用していたM48A3パットン。砲塔側面にゾウのエンブレムが描かれている

1975年4月、ハノイ攻略戦に参加した北ベトナム軍のT-54B

ベトナム戦争

1969年のベン・ヘットの
戦いに参加した、北ベト
ナム軍のPT-76A

イラン・イラク戦争

イラン・イラク戦争におけるイラン軍
のチーフテンMk.5/3P。砲塔側面の
道具箱にはイランのラウンデル（国
籍標識）が、サイドスカートにはイラ
ンの国章が描かれている

同戦争におけるイラン軍のM60A1。
砲塔側面には国籍標識が描かれている

同戦争におけるイラク軍のT-62。
サンドイエローとブルーグリーンで
迷彩が施されている。砲塔番号は
アラビア語で「127」と描かれている

同戦争におけるイラク軍のT-72。
T-62と同様の迷彩が施されてい
る。砲塔にはアラビア語で「12」と
描かれている

イラン・イラク戦争

イラン・イラク戦争におけるイラク軍のBMP-1。砲塔と車体側面にはアラビア語で「J43」と描かれている

湾岸戦争

1991年1月の湾岸戦争の「デザート・セイバー」作戦に参加した、アメリカ陸軍第1機甲師団1/37機甲支隊A中隊のM1A1エイブラムス

同じく「デザート・セイバー」作戦に参加した、イギリス陸軍第7機甲旅団クイーンズ・ロイヤル・アイリッシュ軽騎兵連隊のチャレンジャー1 Mk.3

「デザート・セイバー」作戦に参加したフランス軍ダゲー師団所属のAMX-30B2

湾岸戦争で多国籍軍を迎え撃ったイラク共和国防衛隊のT-72 “アサド・バビル”

イラク戦争

イラク戦争の治安戦でイラクに展開していたアメリカ陸軍第3機甲騎兵連隊第3大隊のM1A2エイブラムス。市街戦用のTUSK(Tank Urban Survival Kit)Ⅰを装備している

2003年4月、イラク戦争のバスラ攻略戦に参加したイギリス陸軍クイーンズ・ロイヤル軽騎兵連隊のチャレンジャー2

イラク戦争に参加したイラク共和国防衛隊の第3機械化師団「タワカルナ」のT-72"アサド・バビル"

アフガニスタン戦争

1994年、アフガニスタンの北部同盟で運用されていたT-62

2011年3月、アフガニスタンのカンダハル州に駐留していた、カナダ陸軍ロード・ストラスコナズ・ホース連隊のレオパルト2A6M CAN。車体全体に迷彩ネット(バラクーダ)を被せ、ケージ装甲を装着している

生徒心得

本書は、第二次世界大戦後の主要各国軍の機甲部隊が活躍を見せた主要な戦いを取りあげる戦史編の第2巻として、インドシナ戦争、ベトナム戦争、イラン・イラク戦争、湾岸戦争、イラク戦争、アフガニスタン紛争にスポットライトを当ててみた。

なお、筆者が参考にした資料の中でも、ある事象に関する記述が異なっているものもあり、その取捨選択や解釈は筆者の独断によるため、人によっては別の記述や解釈も存在しうること、また分かりやすさを優先して専門用語を一般的な表現に変えたり説明を端折ったりした部分があることをご了承いただきたい。

では、授業開始！

もくじ

文・イラスト監修／田村尚也　イラスト・マンガ／野上武志
戦車図版／田村紀雄　戦況図版／おぐし篤

写真提供／U.S.Army、British Army、wikimedia commons、イカロス出版 etc.
作画スタッフ／松田重工、木村榛名、清水誠
協力／Anastasia.S.Moreno、から、カワチタケシ、黒葉鉄、兼光ダニエル真、日野カツヒコ、ぶきゅう、松田未来、むらかわみちお、吉川和篤（50音順）

用語解説

●戦車の分類法

戦車は、さまざまな方法によっていくつかの種類に分類することができる。

第二次世界大戦前から戦後しばらくの間まで、もっともよく使われた分類法が、戦車を重量で区分する方法だ。軽い方から順番に「軽戦車」「中戦車」「重戦車」に分けられる。ただし、重量に明確な基準は無く、時代とともに変化している。

その後、世界の主要各国では、火力、防御力、機動力を（国ごとに多少の偏りはあるものの）バランスよく備えた、様々な任務をこなすことのできる中戦車を主力とするようになり、機動力の低い重戦車は価値を失い、防御力や火力の低い軽戦車も姿を消していった。そして、従来の重戦車や軽戦車を兼ねるオールマイティーな中戦車は、やがて戦車部隊の主力を務める主力戦車（Main Battle Tank 略してMBT）と呼ばれるようになった。

現在、主要各国の戦車部隊は、すべてMBTを主力としている。

●滑腔砲とライフル砲

現代の戦車に搭載されている戦車砲は、おもに戦車を砲撃するための火砲で、敵戦車の分厚い装甲を打ち破るために弾丸を超高速で撃ち出すことができる。

戦車砲は、大きく分けるとライフル砲（施条砲）と滑腔砲の二種類に分類することができる。

このうち、ライフル砲は、ライフルと同じように砲弾にスピン（旋転）をかけて弾道を安定させるため、砲身の内側に弾丸にスピンをかけるための溝が刻みこまれている。これがライフリング（腔線）だ。

砲身の内側にライフリングを持たない火砲を滑腔砲と呼ぶ。砲弾をスピンで安定させるのではなく、砲弾に翼（フィン）を付けて弾道を空力的に安定させるので、砲身の内側にライフリングが無い。

なお、自走砲にはおもに榴弾砲が搭載されている。榴弾砲を搭載していない一部の対戦車用などの自走砲と区別するため、榴弾砲を搭載する自走砲を、とくに自走榴弾砲と呼んで区別することもある。

この榴弾砲は、戦車のような装甲を持たない非装甲目標に対して大きな威力を発揮する榴弾をおもに発射する。

●固定弾と分離装填弾

砲弾を撃ちだすための火薬（発射薬）を火砲に装填できるように組み立てたものを装薬と呼ぶ。この装薬と、目標に向かって撃ち出される弾丸をあわせて弾薬と呼ぶ。

戦車砲の弾薬は、拳銃やライフルの弾薬と同じように、装薬の入った薬莢と弾丸が一体になっている固定弾が多い。固定弾は装薬と弾丸を一挙に装填できるので、装填時間を短縮して主砲の発射速度を速くできる。

ただし、口径の大きな戦車砲では、固定弾にすると重くなりすぎて装填時間がかかってしまい、かえって発射速度が遅くなってしまうので、装薬と弾丸を別々に装填する分離装填弾を使うものもある。

一般に固定弾に使われる薬莢は金属製だが、戦車砲弾の中には発射時に薬莢部が燃焼してしまう焼尽薬莢を使うものも少なくない。

●徹甲弾と榴弾

戦車砲から発射される弾丸は、発煙弾などの特殊なものを除くと、戦車などの装甲目標用と歩兵などの非装甲目標用の二種類に大きく分けることができる。

このうち、装甲目標用には、おもに金属の塊を装甲板に叩きつけて貫通し、車内を跳ね回って乗員や内部の機器を破壊する「徹甲弾」が使われる。

初期の「徹甲弾」（Armor Piercing 略してAP）は単純な金属の固まりだったが、やがて砲口から撃ち出されると弾芯を包んでいる装弾筒が外れて空気抵抗の小さい弾芯だけが飛んでいく装弾筒付徹甲弾（Armor Piercing Discarding Sabot 略してAPDS）や、細長い弾芯の飛翔を安定させるために安定翼を取り付けた装弾筒付翼安定徹甲弾（Armor Piercing Fin-Stabilized Discarding Sabot 略してAPFSDS）などが使われるようになった。

また、命中した瞬間に砲弾に内蔵された中央部が凹んだ形状の炸薬が爆発し、炸薬の表面に貼り付けられた金属を高温高圧で融解させて炸薬の凹みの中心軸に収束させ、超高速で装甲板に叩きつけて装甲を貫通する成形炸薬弾（High Explosive Anti-Tank 略してHEAT、対戦車榴弾とも呼ばれる）や、炸薬を内蔵した柔らかい弾体が命中時に装甲板にへばりついてから爆発し、装甲の内側を爆発のショックで吹き飛ばす粘着榴弾（High Explosive Squash Head 略してHESHまたはHigh Explosive Plastic 略してHEP）なども使われるようになった。

一方、非装甲目標用には榴弾（High Explosive 略してHE）が使われる。内部には炸薬が充填されていて、地面などにぶつかった時に炸裂し、周囲に爆風や弾丸の破片をまき散らす。歩兵などの非装甲目標には大きな効果を発揮するが、ちょっとした装甲があれば爆風や弾片程度なら防げるので、よほどの大口径弾でない限り装甲目標に対しては効果が小さい。

現代の戦車では、成形炸薬弾に榴弾の効果を持たせて非装甲目標にも効果を発揮する多目的成形炸薬弾（HEAT-Multi Purpose 略してHEAT-MP）も多用されている。

●装輪車／装軌車／半装軌車

一般の乗用車のように車輪で走る車両を装輪車、無限軌道（いわゆるキャタピラ）で走る車両を装軌車、と呼ぶ。また、前が車輪、後ろが無限軌道＊の車両を半装軌車、英語で「ハーフトラック（Half-track）」と呼ぶ。トラックとは軌道のこと（貨物自動車のTruckではない）で、半分が無限軌道なのでハーフトラックというわけだ。

●「編制」と「編成」

編制とは、正規に定められた永続的な部隊の構成のことをいう。また、編成とは、編制に基づかずに臨時に定める部隊の構成のこと、あるいは必要に応じて所定の編制をとらせることをいう。例えば「師団の編制を崩して、臨時に支隊を編成する」といった使い方をする。逆に「臨時に編制する」とか「正規編成の師団」といった使い方は、厳密にはまちがいだ。

同じ発音の両者を区別して、編制を「へんだて」、編成を「へんなり」と呼び分けたりすることもある。また、正規の部隊編制を「建制」、臨時の部隊編成を「軍隊区分」ということもある。

代表的な対戦車砲弾

AP（徹甲弾）
APC（被帽付徹甲弾）　被帽
APCR（徹甲芯弾）　弾芯
APDS（装弾筒付徹甲弾）　装弾筒　弾芯
APFSDS（装弾筒付翼安定徹甲弾）　弾芯　安定翼
HEAT（対戦車榴弾）＝（成形炸薬弾）　炸薬
HESH（粘着榴弾）

成形炸薬弾（HEAT）の効果の模式図

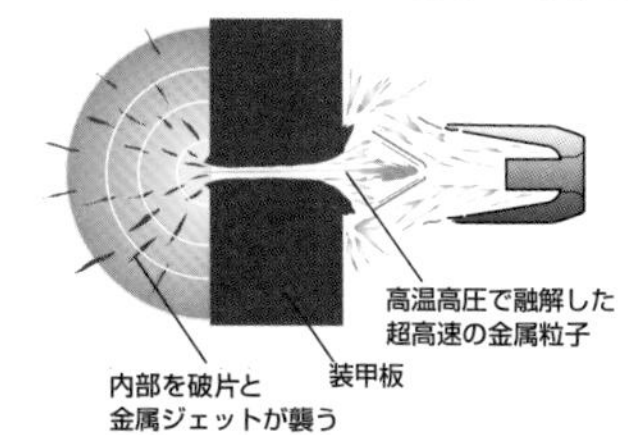

戦後の軍隊組織の上下関係

軍集団あるいは方面軍、戦域軍（アメリカ軍のコマンド）など
↓
軍（陸上自衛隊の方面隊に相当）
↓
軍団（陸上自衛隊には軍団は無い）
↓
師団（＊1） 兵員約7,000〜25,000名
↓
（旅団） 兵員約4,000〜10,000名
↓
連隊（＊2） 兵員約600〜5,000名 ― 戦車約30〜200両
↓
大隊 兵員約400〜1,400名 ― 戦車約25〜100両
↓
中隊 兵員約100〜250名 ― 戦車5〜22両
↓
小隊 兵員約20〜50名 ― 戦車3〜5両

（戦車部隊の場合）

＊1…戦車を主力とする師団を、一般にアメリカ軍やイギリス軍では機甲師団、ソ連軍/ロシア軍では戦車師団と呼称する。
＊2…大隊規模でも、連隊と呼称される場合あり。たとえば陸上自衛隊やイギリス軍の戦車連隊は大隊結節がなく、中隊の上が連隊のことが多い。

＊＝後ろが車輪で前がキャタピラの半装軌車も存在する。

第一講
インドシナ戦争

今回は
第二次世界大戦後
インドシナは
第二次世界大戦で
日本に占領されて
マシタが、
ビバ
戦勝国
!
日本が負けた
のでまた
フランスが
統治するデス!
LOSER!
ひょこっ
独立を宣言したベトナムと
それを認めない
フランスとの間で
勃発したインドシナ戦争よ
フランス
ゴゴゴゴゴゴ
フランスは
大戦が終わっても
帝国主義ムーブを…
?

ベトナムは
ベトナム人の
モノだ！
ベトナム独立！
ベトナム独立を
宣言したベトミンと
フランスとの間で
インドシナ戦争勃発！
ホーおじさん
この想い
もう
止まらない！
それから7年
1953年には
戦況は膠着状態に
陥っていた

ライチャウ
ラオカイ
バクカン
ディエンビエンフー
ムアンコア
ナサン
ハノイ
タンホ
フランス軍は盆地の
ディエンビエンフーに
要塞を築き、ベトミン軍の
ラオスへの移動を阻止する
拠点とすることを計画

1953年12月16日
～翌54年1月15日
10両のM24
チャーフィー軽戦車が
ディエンビエンフー
陣地に空輸された
ゴォ

どちゃあ
それぞれ180の部品に
分けられて――！
ジグゾーパズル
みたいだな…
こんなバラバラの
状態から戦車が
できるのか？
第1猟騎兵連隊第3行進中隊
アンリ・プレオー中尉

大変なんだぞ
しかし外人部隊の戦車修理中隊の力によって

ドドド…
1954年1月に10両がすべて完成。この10両のM24は、第1猟騎兵連隊第3行進中隊（中隊長イブ・エルブエ大尉）として運用されることになる

中隊は3個小隊（1小隊当たり3両）に編成され第1、第2小隊はディエンビエンフー中心に配置
プレオー中尉が指揮する第3小隊（緑小隊）は南のイザベラ陣地に配置された

3月13日、ついにベトミン軍の大規模な砲撃がディエンビエンフー陣地を襲い
ズシン ドン ズン…
ベトミン歩兵の本格的な攻撃も始まった

北東方のベアトリス陣地、続いて最北方のガブリエル陣地が早々に陥落
占拠！
ゴゴゴ…
3月15日
2個戦車小隊が空挺部隊と共に救援に向かったが…
陣地の奪回はならず、
かろうじて生存者を救出するにとどまった
3月28日
ウォーーー
ウォーーー
プレオー中尉！空中補給の安全を確保するため、
ディエンビエンフー西3kmにあるベトミン軍対空機関銃陣地を攻撃せよ！
守備隊司令官
カストリ大佐
了解！
プレオー中尉の緑小隊がイザベラ陣地から出撃！
ゴッ

ドッ
3月28日 早朝6時
Vo!
フランス軍の砲兵部隊が弾幕射撃を開始
ヴォオォーーン
Vo!
Vo!
9時には航空支援開始

空挺2個大隊の攻撃が始まった
ザッ
ガチャ
ガチャ
ザッ

その攻撃を支援するのはプレオー中尉の緑小隊
戦車（シャール・ダッソー）前進（アンナヴァン）！
ドロ
ドロ
ドロ
M24戦車3両！

ヒュボッ
M24戦車は
バズーカ攻撃を
ものともせず戦闘を続行

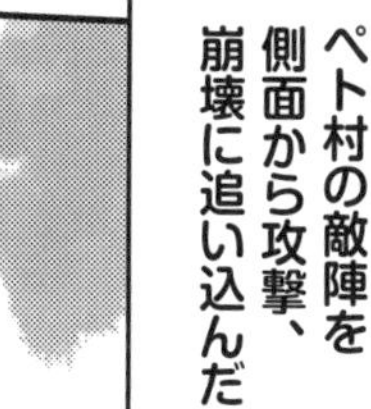
緑小隊はバン・オン・
ペト村の敵陣を
側面から攻撃、
崩壊に追い込んだ

この猛反撃は成功を
おさめ、15：00頃には
ベトミン軍は敗走
350名の
ベトミン兵が
死亡し、17挺の
対空機関銃が
破壊された
対するフランス軍は
20名の戦死と97名の
負傷者にとどまった

Hip! Hip! Hip!
ヒップ! ヒップ! ヒップ!

この勝利により
フランス軍の
士気は高まり
ベトミン軍は
フランス軍の
猛烈な反撃に
衝撃を
受けたのである

ズズズ…
ムッ!

だが3月30日以降、ベトミン軍は本格的な攻撃を再開し包囲網をせばめていく
第312歩兵師団
ベアトリス
41号地方道
3月14日朝の反撃
ドミニク
第312歩兵師団
主滑走路
ユゲット
フランス軍司令部
4月25日ごろの戦線
4月20日ごろの戦線

ドゥウッ
ズゥーン
フランス軍は常にベトミン軍の砲撃にさらされていた
もっと右！

弾薬の補給は戦車を塹壕の上に置き、
チーン
カーン
ドゥ…
底面の脱出ハッチから行った

だが給油はそうはいかず、
車外での給油中に多数の戦車兵がベトミン軍の砲撃で死傷した

フランス兵たちは喉の渇きに苦しんだ
ダメだこりゃ…
ゴポ…
ナムユム川には水牛の死体が浮かんでいて、飲料水にはできなかったのだ

ノドが渇いて声が出ない…
ワイン飲みたいなぁ…この戦争を生き延びたら
ワインでも作って暮らそう…！

5月1日、ベトミン軍が大規模な攻撃を開始。5月7日、ついにフランス軍はベトミン軍の前に降伏。
ザッ ザッ ザッ ザッ ザッ ザッ ザッ
手をあげろ!
ディエンビエンフーの決戦はベトミン軍の勝利に終わった

最後まで健在だったプレオー中尉の戦車は降伏前に乗員によって破壊処分された
しかし絶望的な状況の中、「野牛(ビゾン)」と呼ばれたM24戦車隊はよく戦った
この中隊の優れた技量、勇気と決断力に満ちた行動は、フランス騎兵の伝統を受け継ぐものであったと言えよう―
ちなみに喉の渇きに悩まされたプレオー中尉は
戦後、本当にワイン農家になったんだって
Wine
インドシナ戦争全体の顛末(てんまつ)は次のページからです

第一講

インドシナ戦争

今回の講義は、第二次世界大戦後にベトナムの独立をめぐって戦われたインドシナ戦争よ。

歴史的経緯を説明すると、フランスは19世紀中ごろからインドシナ半島に進出。ベトナム、カンボジア、ラオスを植民地化して、19世紀末にはインドシナ連邦を形成したのね。

これはインドでのイギリスとの植民地獲得競争に敗れたことも背景にあるみたいデス。

帝国主義の闇深すぎィ…

その後1939年に第二次世界大戦が始まって、40年にフランス本国がドイツに負けてヴィシー政権が発足すると、日本軍が北部仏印、そして41年には南部仏印に進駐。これもあって日本は太平洋戦争を避けられなくなったの。

そんなバタフライエフェクトがあったのね…

で、第二次世界大戦が終わると、(アメリカとイギリスのおまけで)戦争に勝ったフランスはインドシナに戻ってきて、植民地の再建を始めたんだけど…。

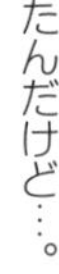

この辺はがめついというかフランスっぽいね～！

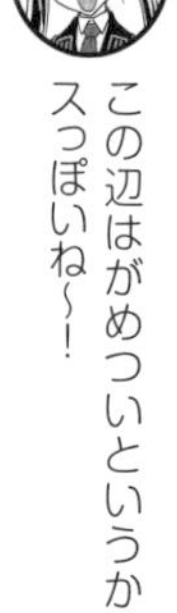

第二次世界大戦の間にベトナム独立の気勢が高まっていて、1946年末からはホー・チ・ミンに率いられたベトナム独立同盟会（ベトミン）とフランス軍との間で本格的な武力衝突が始まりました。これがインドシナ戦争です。

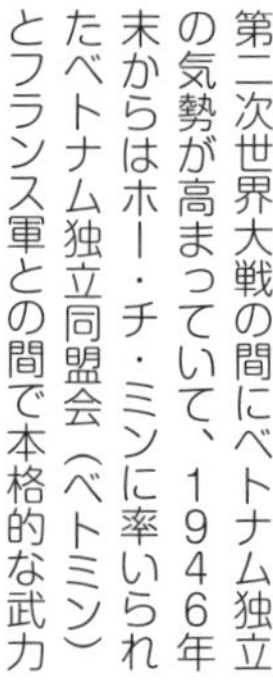

おもにベトナム北部のソンコイ・デルタ付近で戦闘が行われて、最初はフランスが圧倒的な戦力でデルタ地帯を制圧したのね。で、ゲリラ戦を展開するベトミン軍をじわじわ掃討していったけど…。

1950年あたりからソ連や中国がベトミン軍を援助、重装備なども供与するようになったんだ。

対してアメリカはフランス軍を援助してたのね。

同時期には朝鮮戦争もやっていましたし、「大戦争のあとしまつ」も大変です…。

そして51年にベトミン軍はソンコイ・デルタを攻撃したけど、フランスの防御線は破れず大敗。その後はまた長いゲリラ戦と兵力拡充に移ったのよ。

その後、正面兵力も整えたベトミン軍は53年からラオスへの攻撃を開始。フランス軍もベトナムとラオスの中継点の盆地・ディエンビエンフーに基地を作って迎え撃ちますが…。

1953年11月、ベトミン軍はディエンビエンフーを包囲し、高地から砲撃を浴びせてフランス軍陣地を攻撃すると、激しい戦いの末にフランス軍は降伏。

これで真っ白に燃え尽きたフランスは、戦争を続けるガッツを失って停戦。ついに8年にわたるインドシナ戦争は終わったのデス…。

8年も戦争してたの!? 短期間で終わることが多い中東戦争とはえらい違いだね。

ゲリラ戦がメインの戦争だから…。でもインドシナでの戦争はこれで終わりじゃないんだよね…。

フランス領インドシナの成立と日本軍の武力制圧

ベトナムとフランスの深いかかわりは、19世紀初めにさかのぼる。

阮(グエン)朝の越南(ベトナム)国は、1802年にフランス人宣教師らの支援を受けて成立したが、1858年にフランス(当初はスペインも加わった)が進攻を開始して植民地化を進め、1883年には首都フエを占領して保護国とした。

これに対して、越南国を認めて朝貢を受けていた清が宗主権を主張し、1884年に清仏戦争が勃発。翌1885年にはフランスが勝利をおさめて、清は宗主権を放棄した。そして1887年には、1863年からフランスの保護国となっていたカンボジアとあわせてフランス領インドシナ連邦が発足。1899年には、1895年からフランスの保護国となっていたラオスも編入された。

まとめると、現在のベトナム、カンボジア、ラオスにほぼ相当する地域は、19世紀末にはフランスの保護国として植民

フランス領インドシナ

日本はインドシナ半島の3カ国を独立させたけど、もちろん傀儡(かいらい)政権だったんだよね。

清
トンキン保護領
ハノイ
ラオス王国
ルアンパバーン
タンホア
ドンホイ
フエ
ダナン
タイ王国
アンナン保護国
カンボジア王国
プノンペン
サイゴン
コーチシナ直轄植民地

インドの争奪戦でイギリスに負けたフランスは、19世紀初めからベトナムに進出して…
19世紀末にはカンボジアやラオスも併せて『フランス領インドシナ連邦』として植民地としたのデス
これは宣教師ピニョーさんの格好デス
その後、日本軍は太平洋戦争開戦前にヴィシー政府統治下の仏印に進駐…
大戦末期には『仏印処理』として武力制圧し、ベトナム、カンボジア、ラオスを独立させたのよ

地になっており、まとめてフランス領インドシナ（仏印）と呼ばれていたのだ。

１９３９年９月１日、ドイツ軍がポーランドへの進攻を開始し、第二次世界大戦が勃発。１９４０年５月10日にはドイツ軍の西方進攻作戦が始まり、同年６月22日にフランス本国はドイツに降伏。枢軸国側のいわゆるヴィシー政権が成立して、仏領インドシナもその統治下となった。次いで日本軍が、同年９月22日から北部仏印への進駐を開始し、１９４１年７月28日には南部仏印にも進駐。翌29日には、ヴィシー政権と日本との間で仏印の共同防衛に関する協定が結ばれた。そして同年12月8日には、日本が第二次世界大戦に参戦する。

その後、ヨーロッパでは、連合軍が反攻に転じて、１９４４年８月25日には、連合国側の自由フランス軍のジャック・フィリップ・ルクレール将軍＊率いる第２装甲師団がパリの中心部に突入。ドイツ軍の守備隊は降伏し、連合国側のシャルル・ド・ゴール将軍を首班とする臨時政府がパリに帰還して、枢軸国側のヴィシー政権は事実上崩壊した。仏印政庁は、これ以降も表向きには従来の姿勢を保ったが、ひそかに本国の臨時政府と連絡して対日戦の準備に取りかかった。

だが、日本軍は、第二次世界大戦末期の１９４５年３月９日に仏印を武力制圧する明号作戦を開始。翌10日には要地をおおむね制圧し、仏印軍（中越国境を越えて脱出した一部の部隊を除く）の武装解除を進めていった。また、日本は、仏印を構成する各保護国に独立をうながし、３月11日には阮朝最後の皇帝であるバオ・ダイ（保大）帝が国号をベトナム（越南）帝国と改めて独立を宣言。次いで同月13日にはカンボジア王国のノドロム・シアヌーク国王が、４月８日にはルアンパバーン王国（フランス領ラオス）のシーサワーンウォン国王が、それぞれ独立を宣言した。こうして仏印は、日本軍の支配下で表面上は独立を果たしたのだ。

ベトナム民主共和国の建国

ここで話はふたたび19世紀末までさかのぼる。

１８９０年にベトナム中部で儒学者の末っ子に生まれたホー・チ・ミン（胡志明。幼名グエン・シン・クン）は、見習い船員などをしながら世界各国を回った。そして、１９１７年のパリ滞在時にロシア革命を知り、翌１９１８年にフランス社会党に入党。１９２０年に同党のいわゆる第３インターナショナル（正式名称は共産主義インターナショナル。略称はコミンテルン）派が共産主義インターナショナル・フランス支部（のちのフランス共産党）として分離独立すると、これに加入した。そのため、ホー・チ・ミンは「ベトナム人初の共産党員」といわれている。

そのホー・チ・ミンは、１９２５年に中国の広東でベトナム

＊＝ドイツ占領下のフランスに残された家族を守るための偽名。本名はオートクロク伯爵フィリップ・フランソワ・マリー。

青年革命同志会を組織し、1930年には香港でベトナム共産党（すぐにインドシナ共産党に改称）を創設して、フランス領インドシナ政庁への抵抗運動を指導。その後、中国南部の雲南省から国境を越えて帰国し、1941年には反日および反仏の統一戦線であるベトナム独立同盟会（通称ベトミン）が発足すると、インドシナ共産党も合流して抵抗運動を続けていった。

そして、前述のように1945年3月には日本軍が仏印を武力制圧し、ベトナム帝国が独立を宣言した。

しかし、同年8月15日に日本がポツダム宣言を受諾して降伏すると、同月18日からベトミン軍部隊が各地で蜂起し、同月30日にはバオ・ダイ帝が退位してベトナム帝国は崩壊した。これがベトナムの8月革命だ。続いてホー・チ・ミンは、日本が降伏文書に署名した同年9月2日に、ベトナム北部のハノイでベトナム民主共和国の建国を宣言した。

インドシナ戦争の勃発とゲリラ戦への移行

第二次世界大戦直後のベトナムでは、フランス軍が本格的に展開するまでの間、北緯16度線より北に中国（国民党）軍が、南にイギリス軍が、それぞれ進駐して日本

ベトナム民主共和国の成立

ホー・チ・ミンの胡は異民族、異邦人の意。つまり胡志明は「志が明らかな異邦人」という意味です。本名はグエン・タト・タイン（阮必成）ですね。
8月15日に日本が降伏すると、ベトナム各地でベトミン軍が蜂起してバオ・ダイ帝が退位。
9月2日にはホー・チ・ミンを中心にベトナム民主共和国が建国されたのですね

軍部隊の武装解除を進めていった。

そして1945年10月5日には、フランス軍のルクレール将軍率いる極東遠征軍団がベトナム南部のサイゴンに上陸を開始し、まず南部で支配地域を広げた。次いで、1946年2月28日には中国(国民党政府)と協定が結ばれて、北部でも中国軍の撤退とともに支配地域を広げていった。

一方、ホー・チ・ミンは、ベトナムをまずフランス連合の一角として独立を認めるようにフランス側に提案し、同年3月6日にはフランスのジャン・サントニー高等弁務官との間で予備協定が結ばれた。

ところがフランス側は、わずか20日後の同月26日にベトナム人の協力者を集めてベトナム南部にコーチシナ共和国臨時政府を成立させると、同年6月1日には保護国とした。

そして同年11月20日には、ベトナム北部の要港であるハイフォンでの密輸船の取り締まりをめぐって、フランス軍艦艇とベトミン軍哨戒艇との間で銃撃戦が発生。これをキッカケにフランス軍は、同月23日からハイフォンの市街地にベトミン軍部隊が集結しているとして艦艇などで砲撃し、民間人にも多数の死傷者が出た。次いでフ

インドシナ戦争の勃発

通報艦「シュブルイユ」の砲撃

ランス軍は、同年12月17日に地上部隊をハノイ中心部に突入させて重要施設などの確保に乗り出し、同月19日にはベトミン軍との全面戦争に発展。こうしてインドシナ戦争が勃発したのだ。

当初、重装備を持つフランス軍は、貧弱な装備しかなかったベトミン軍に対して優位に立ち、翌1947年の2月には重要都市であるフエやハノイを確保した。

これに対してベトミン軍は、小部隊によるゲリラ戦を展開するとともに、北部の山岳地帯に拠点を築いて指揮官教育を行なうなどして組織の強化を進めていった。

1947年10月7日、フランス軍は、北部の山岳地帯で「レア」作戦を開始。ベトミン軍拠点の覆滅や空挺部隊によるベトミン首脳陣の捕縛を狙ったが、失敗に終わった。続いて同年12月には、北東部のベト・バク解放区への攻撃を始めたが、ベトミン軍の巧みな反撃によって失敗。そして1949年2月には、ベトナム北部のソンコイ(紅河)デルタ地帯にひそむベトミン軍部隊の掃討を始めたが、数カ月にわたる戦いで手痛い損害を出した。

こうしてフランス軍は、対ゲリラ戦の泥沼に引きずり込まれていったのだ。

インドシナ戦争前半（1946年～1951年）の戦況

①1947年、フランス軍の「レア」作戦
②1950年1月、ベトミン軍のラオカイ攻撃
③1950年9月、ベトミン軍のドンケ要塞攻撃
④1950年9月、ベトミン軍のチラン隘路攻撃
⑤⑥⑦1951年1月～5月、ベトミン軍のソンコイ・デルタ攻撃

下のイラストの左側の無帽の軍人が、ベトミン軍に参加していた元日本兵ね。元日本兵は約800名がベトミン軍に参加したらしく、有名な人には、井川省少佐、中原光信少尉らがいるわ。

中国のベトミン支持とアメリカのフランス支持

こうした状況の中、フランス政府は、１９４９年６月にフランス連合内のベトナム人国家としてバオ・ダイを元首とするベトナム国を成立させた（前述のコーチシナ共和国も編入されて消滅）。また、同年７月にラオスを、11月にカンボジアを、相次いで独立させたが、いずれもフランス連合の枠内であり、外交や軍事に関する決定権はフランス本国が握っていた（ただしカンボジアは１９５３年11月に完全独立を実現する）。

一方、中国では、１９４９年10月に共産主義の中華人民共和国が成立。同国は、１９５０年１月にベトナム民主共和国を承認し、ソ連や東欧諸国もこれに続いた。そして、これらの国々から各種の武器や物資の援助を受けて強化されたベトミン軍は、やがてフランス軍を積極的に攻撃するようになっていく。

その一方でアメリカでは、１９５０年６月に朝鮮戦争が勃発すると、共産主義国に対する警戒が一挙に強くなった。そして、同年10月にはインドシナ方面のフランス軍を助けるために軍事顧問団を派遣し、同年12月にはサイゴンで、アメリカ、フランス、ベトナム国（バオ・ダイ

ソンコイ・デルタへの攻勢作戦

政権）の間で軍事援助協定が結ばれた。

こうしてインドシナ戦争は、共産主義・社会主義の東側陣営と、資本主義・自由主義の西側陣営の間の代理戦争の様相を帯びるようになっていったのだ。

１９５１年１月、ボー・グエン・ザップ将軍率いるベトミン軍は、3個師団基幹およそ3万名でソンコイ・デルタ地帯への大規模な攻勢作戦を開始した。

対するフランス軍は、１９５０年12月からインドシナ軍総司令官を務めていたジャン・ド・ラトル・ド・タシニ将軍がソンコイ・デルタ地帯周辺で整備を進めていた「ド・ラトル・ライン」と呼ばれる拠点群と、航空戦力や砲兵火力を活用して、ベトミン軍部隊に大損害を与えて撃退。だが、これを追撃して捕捉撃滅できるほどの機動兵力はなかった。

１９５２年１月、癌におかされたド・ラトル将軍に代わってラウル・サラン将軍が総司令官となった。サラン将軍は、空挺部隊を投入するなどして局所的な攻撃を実施することもあったが、基本的にはソンコイ・デルタ地帯の防御に努めた。そのため、ベトミン軍は再編と強化を進めることができたのだ。

1953年の戦況

●1953年のフランス軍の行動　A…7月、「燕」作戦　B…7月～8月、クアンチ付近への攻撃　C…8月、ナサン基地撤退　D…10月、ラオカイ攻撃　E…10月～11月、タンホア攻撃

●1953年のベトミン軍の行動　①3月～4月、北部ラオス攻勢　②11月～12月、ライチャウ攻撃　③④12月、中部ラオス攻勢

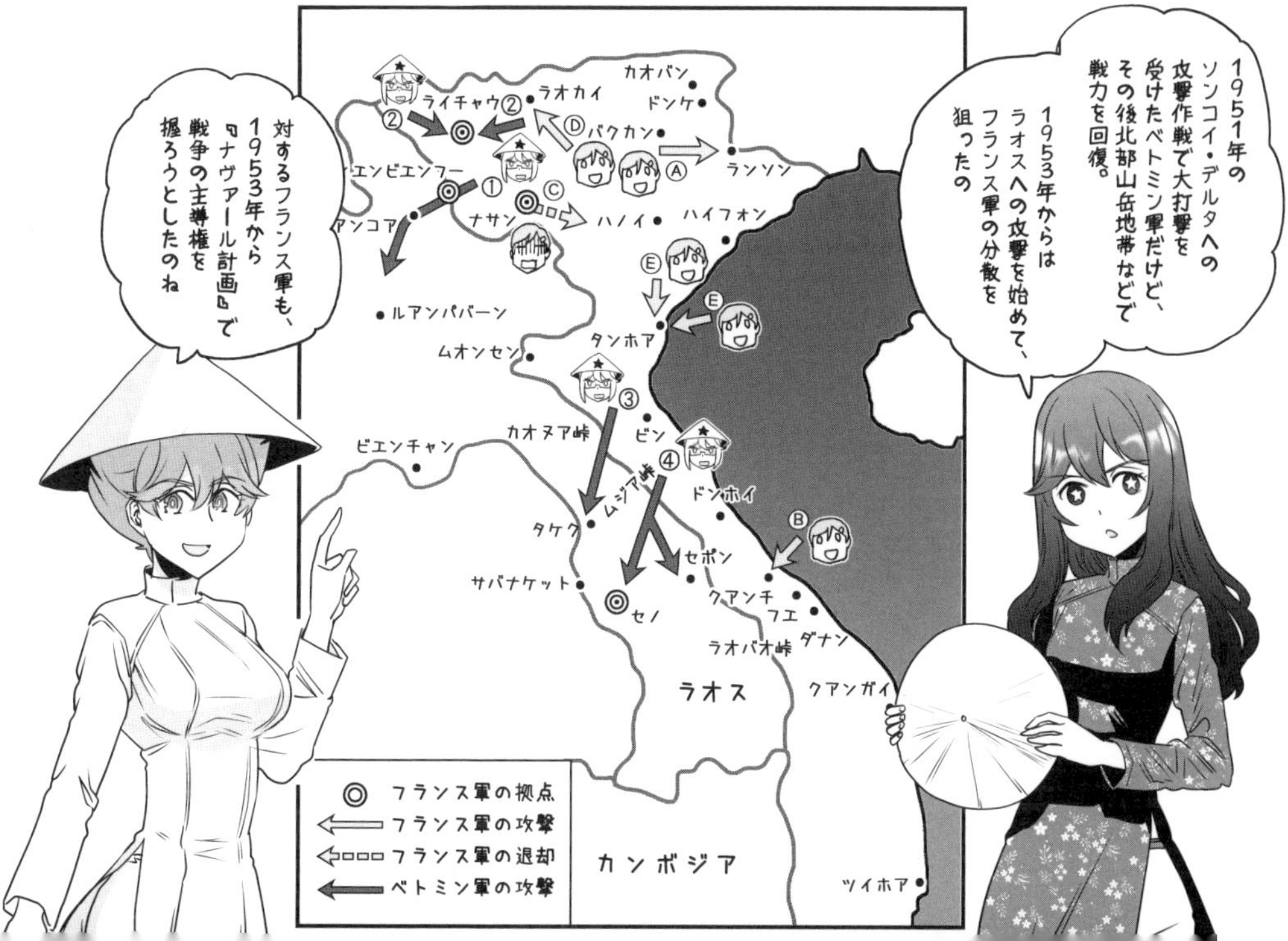

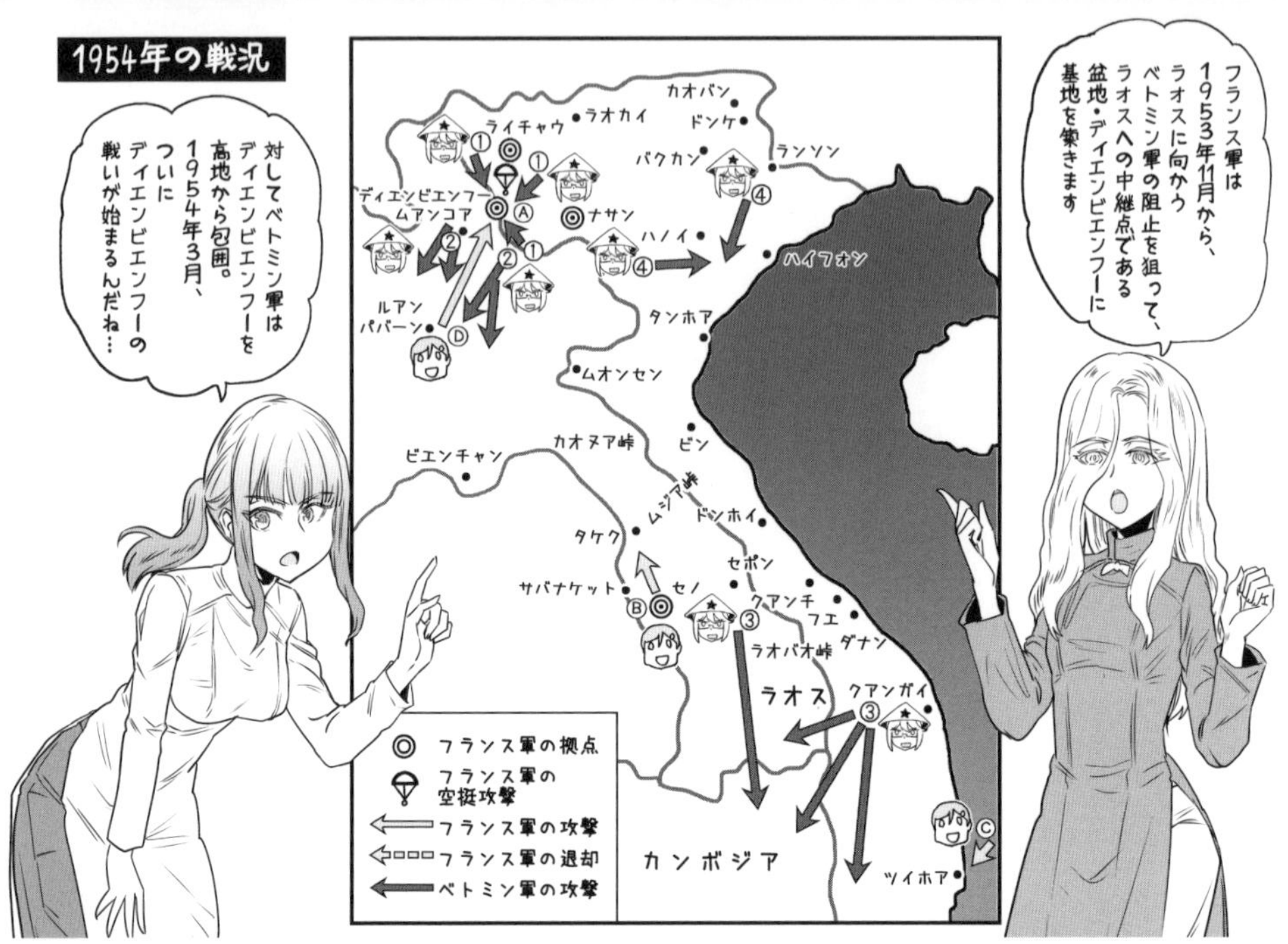

●1953年末～1954年のフランス軍の行動　A…1953年11月～54年5月、ディエンビエンフー防衛戦　B…1953年12月、中部ラオス作戦　C…1月、ツイホア攻撃　D…3月～4月、ディエンビエンフー救出作戦
●1954年のベトミン軍の行動　①1953年11月～54年5月、ディエンビエンフー攻略戦　②1月～2月、第二次北部ラオス攻勢　③2月～4月、中部高原攻勢　④5月～7月、ソンコイ・デルタ総攻撃

ディエンビエンフーの戦いとジュネーブ協定

1953年5月、フランス軍の総司令官がサラン将軍からアンリ・ナヴァール将軍に交代し、積極的な行動でベトミン軍を叩いて主導権を握る、いわゆる「ナヴァール計画」を策定した。

一方、ベトミン軍は、ラオス北部に圧力をかけてソンコイ・デルタ地帯近辺のフランス軍の兵力を分散させようとした。

これに対してフランス軍は、同年11月20日にラオス北部への中継点となるベトナム北部のディエンビエンフーを空挺部隊で確保する「カストール」作戦を開始。同地には日本軍が残した滑走路があるので、空輸で拠点を構築して周辺に遊撃部隊を派出し、ベトミン軍を阻止することを狙っていた。そしてフランス軍は、11月末までに兵員約1万3200名を運び込み、陣地の構築を進めた。

対するベトミン軍は、同年12月下旬までにディエンビエンフーを包囲すると、1954年3月13日から5個師団基幹およそ7万名で大規模な攻撃を開始。血で血を洗う凄惨な陣地戦の末、5月7日にフランス軍の守備隊を降伏に追い込んだ。ベトミン軍の死傷者は約2万名、フランス軍の死傷者は約5500名で、およそ1万名が捕虜になったとされている（フランス側には増援部隊も含まれている）。

ディエンビエンフーの戦い・その1

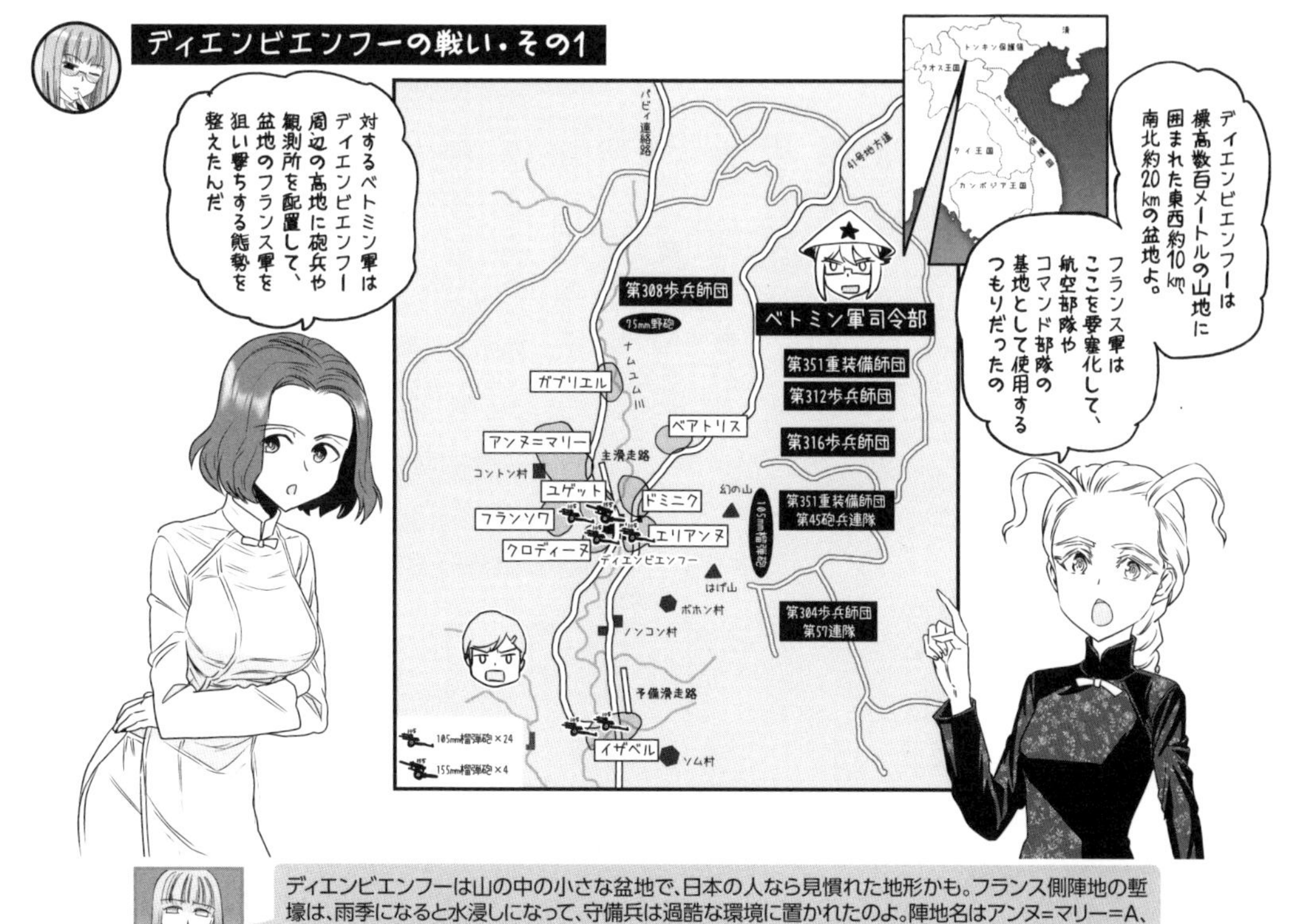

ディエンビエンフーは山の中の小さな盆地で、日本の人なら見慣れた地形かも。フランス側陣地の塹壕は、雨季になると水浸しになって、守備兵は過酷な環境に置かれたのよ。陣地名はアンヌ=マリー=A、ベアトリス=B、クロディーヌ=C、ドミニク=D、エリアンヌ=E、フランソワ=F、ガブリエル=G、ユゲット=H、イザベル=Iとアルファベットの頭文字からとってるけど、女性の名前というのがフランスらしいわ…。

ディエンビエンフーの戦い・その2

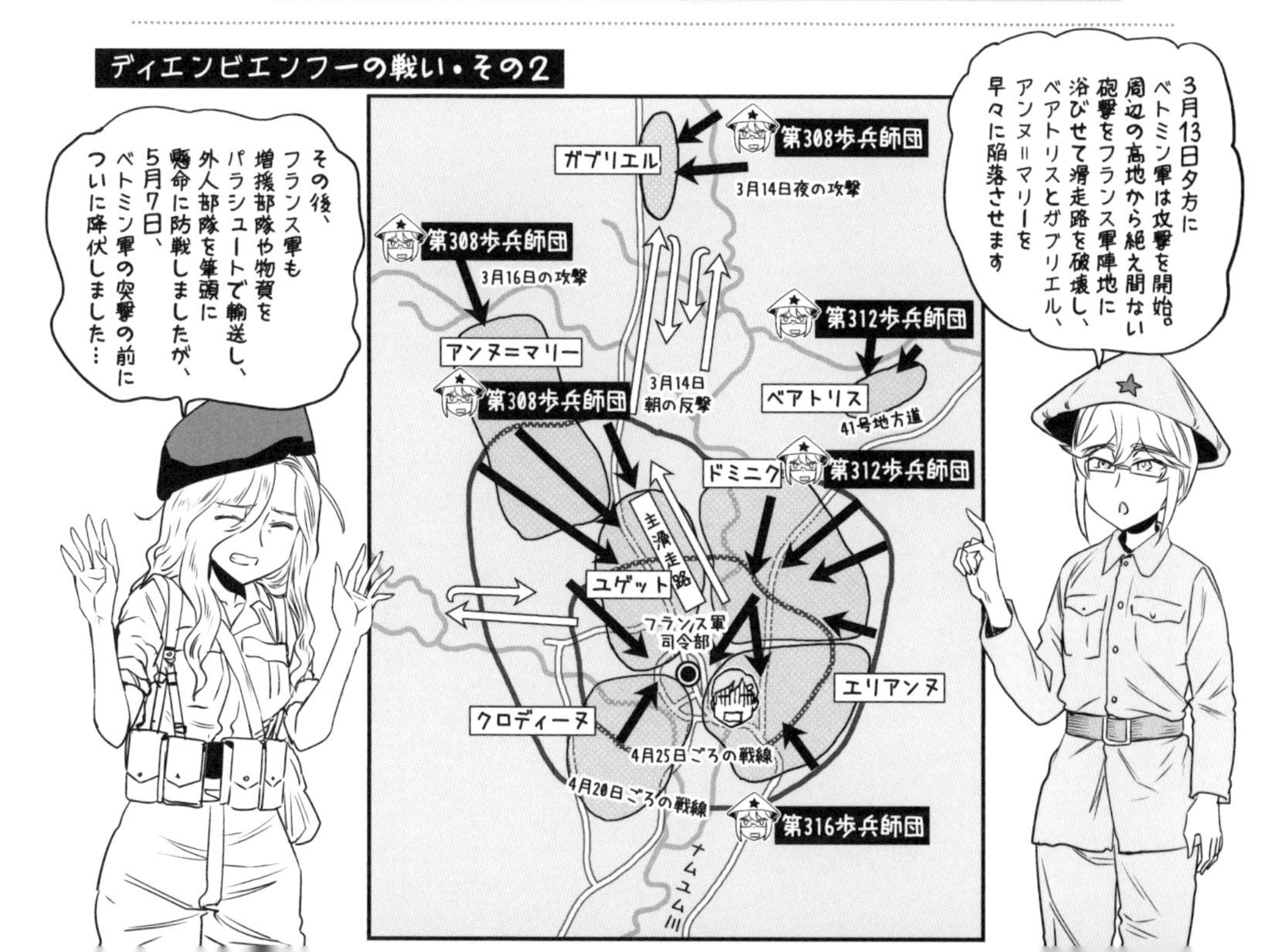

フランスの世論は、長期化する対ゲリラ戦の中で継戦意欲がすでに低下していたが、この戦いに敗れたことによって継戦意欲を決定的に失ったといえる。そして1954年7月21日には、スイスのジュネーブでベトナム、ラオス、カンボジアにおける敵対行為の終止に関する協定(ジュネーブ協定)が締結され、フランス軍はインドシナから撤退。ベトナムは、北緯17度線で南北に分割されて、北側をベトナム民主共和国(ホー・チ・ミン政権)、南側をベトナム国(バオ・ダイ政権)が暫定的に管轄し、2年後に統一に向けた総選挙を実施することになった。

ところが、共産主義国家を警戒するアメリカは、ベトナム国とともに協定への署名を拒否。やがてベトナム戦争へと発展していく。

上空から見たディエンビエンフー盆地の様子

ディエンビエンフーで塹壕に籠るフランス兵デスね。ちなみに1992年にはフランスでディエンビエンフー戦を描いた「Diên Biên Phú」という映画が公開されまシタが、日本では「愛と戦火の大地」という「愛と青春の旅立ち」的な題名で公開。さらに「スカイミッション 空挺要塞DC3」と、無理があるタイトルでビデオ化されたらしいデス…。

1954年5月7日午後、ついにディエンビエンフーを占領し、防衛部隊司令官のド・カストリ将軍のトンネルの上で旗を掲げるベトミン兵

ジュネーブ協定による休戦

インドシナ戦争で、ベトナム側は17万〜30万名が死亡あるいは行方不明、フランス側は約75,000名が戦死、約64,000名が負傷、約40,000名が捕虜になったといわれているわ…。

★Column★　インドシナ戦争からベトナム戦争へ

ついにインドシナ戦争・ベトナム戦争シリーズが始まったわね……。

導入回だから、前置きが長いけど我慢してね。

しかし、フランスは宣教師を送り込んで越南（ベトナム）国の成立を後押しして、そのあとで植民地化とか、おぬしもなかなかのワルよのう…。

いやいや、ブリカス様が世界でやらかしたことに比べたらまだまだデスヨ（ウェヒヒヒ）

フランスとベトナムって、昔から関係があったんだね!

で、日本の降伏とともにベトナム民主共和国が独立したら、フランスは軍隊を送り込んで潰そうとしたのか。

アメリカも、最初はフランスの植民地主義の復活を警戒してたんだけど……。

朝鮮戦争もあって、共産主義のベトミン政府を倒すのを後押ししたんだね!

けれども、ベトミン軍はゲリラ戦を展開して粘り、中国やソ連の援助を受けて攻勢に転じたのよ。

単なる独立戦争ではなく、東西両陣営の代理戦争的な性格も持つようになっていくんですね……。

でも、フランスは途中であきらめちゃったんだね?

その頃は北アフリカのアルジェリアでも政情が不安定化してて、ディエンビエンフー陥落の半年後にはアルジェリア戦争が始まりマス……。

戦争中にフランスのアルジェリア駐留軍がクーデターを起こして、フランスの第四共和制が崩壊しましたね。

そうでなくても、地球の裏側のアジアの対ゲリラ戦の泥沼なんて早く足抜けしたいよね……。

それでベトナムは韓半島のように南北に分断……。

そしてベトナム戦争に続いていくんだけど、それはまた次講ね。

ワルキューレの騎行が聞こえてくるわ…。

フランス軍とベトミン軍の編制と装備

インドシナ方面に投入されたフランス極東遠征軍の兵力は、インドシナ戦争が勃発した1946年12月時点で約1万5000名だった。

その後、本国や植民地からの増援部隊、現地兵で編成された部隊などで増強され、1947年5月には兵力約11万5000名になった（数字には異説あり。以下同じ）。ただし、このうちフランス本国の将兵は約5万名だけで、それ以外は外人部隊や植民地兵あるいは現地兵だった。加えて、国内の厭戦感情の広がりもあって、1949年から本国の徴集兵が派遣されなくなり、これ以降は完全に外人部隊を含む本国兵以外の将兵が主力となっていく。

ディエンビエンフーが包囲された1953年末には、ベトナム国軍を含むフランス軍側の総兵力はおよそ50万名に達した。しかし、その多くはもっぱら地域の警備などにあたる部隊で、機動的に運用できる兵力は約5万名にすぎなかった。

もう少しこまかくいうと、フランス軍の主力は、外人歩兵連

隊やモロッコ、アルジェリア、チュニジア歩兵連隊などの歩兵部隊だった。希少な機動兵力の主力は、外人落下傘大隊や植民地落下傘大隊などの空挺部隊と、龍騎兵連隊や猟騎兵連隊、外人騎兵連隊などの名称を持つ機械化歩兵部隊や機械化騎兵部隊、独立の戦車群などの戦車部隊を含む機甲部隊だった。

このうちの機甲部隊は、アメリカ製のM5A1軽戦車、M3ハーフトラック、M3偵察車(スカウト・カー)、M8装甲車、75㎜自走榴弾砲M8、イギリス製のユニバーサル・キャリア、ハンバー偵察車、コベントリー装甲車など(一部は現地で改造を加えられた)を装備しており、国産のパナールAML178装甲車を装備している部隊もあった。

さらに1950年11月から、アメリカ製のM4中戦車やM36B2戦車駆逐車も配備されることになった。といっても、ベトミン軍にはまともな戦車部隊が無く、機動力を備えた火砲として歩兵支援などに用いられている。

また、同年12月から、アメリカ製のM24軽戦車も配備されるようになった。この軽戦車は、接地圧が低いので注意すれば水田を横断することもできたし、75㎜砲搭載で榴弾火力も大きかったので、対ゲリラ戦には使い勝手が良かった。

対するベトミン軍側の同時期の総兵力は、およそ35万名。

ベトミン軍の歩兵師団

このうち、ゲリラ戦ではなく本格的な野戦で機動的に運用できる部隊は、12万名をやや超える程度だったと見られている。

機動兵力の主力は、歩兵連隊3個を基幹とする歩兵師団で、一部の師団には砲兵連隊も所属していた。また、砲兵部隊や高射部隊などを集中した重装備師団や、独立の歩兵連隊などもあった。これらの歩兵師団や歩兵連隊は、基本的には徒歩で移動するが、水田地帯や湿地帯、ジャングル地帯など、道路以外では車両の移動がむずかしい地域でも機動可能、という利点を持っていた。

なお、インドシナ戦争中のベトミン軍には、まともな機甲部隊はまだなかった。そのため、これから述べる機甲部隊の解説はフランス軍だけになる。

フランス軍の行進群と機動群

フランス軍は、第二次世界大戦直後の1945年9月に、おもに第2装甲師団隷下の各部隊から抽出された人員で、行進群*(Groupement de Marche)と呼ばれる兵員およそ1500名の諸兵種連合の機甲部隊を臨時に編成した。この行進群の主力は、チャド行進連隊第2大隊を基幹として海兵フユージリエ装甲連隊の人員を加えたM3ハーフトラックに

フランス軍の機動群(GM)

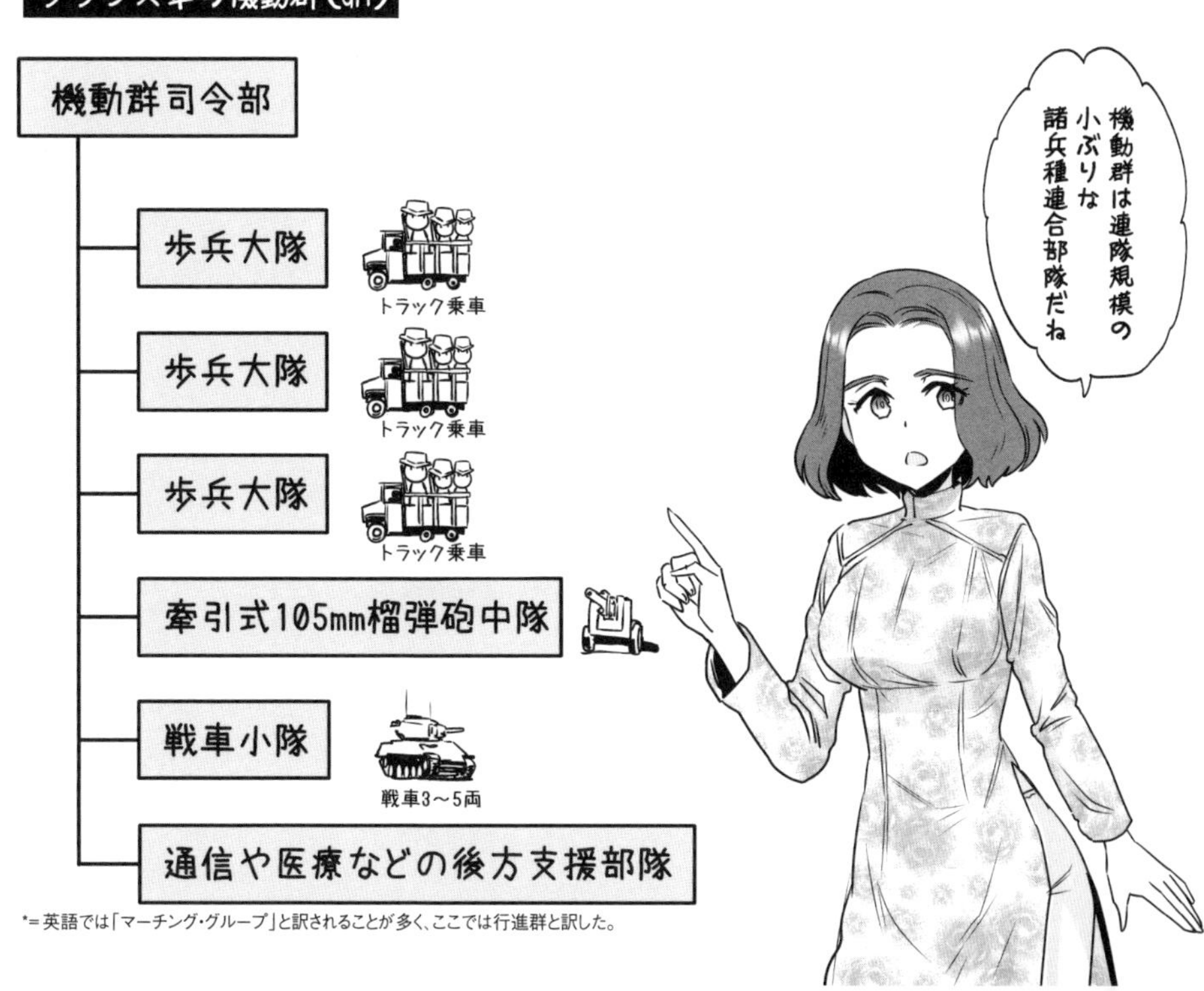

*=英語では「マーチング・グループ」と訳されることが多く、ここでは行進群と訳した。

乗車する機械化歩兵部隊で、M5A1軽戦車を主力とする第501戦車連隊第1中隊を基幹として第12アフリカ猟騎兵連隊や第12胸甲騎兵連隊の人員を加えた軽戦車部隊、M8装甲車を主力とする第1モロッコ・スパヒ行進連隊第7大隊、第71工兵大隊の工兵分遣隊などで構成されていた。そして、1946年10月14日にサイゴンに上陸を開始し、第二次世界大戦後にフランス軍が仏領インドシナに派遣した最初の機械化部隊となった。

1950年12月、ド・ラトル将軍は、アルジェリアとモロッコの3個歩兵大隊を基幹とする北アフリカ機動群（Groupe Mobile Nord-Africain 略してGMNA）をモデルに、第二次世界大戦中のアメリカ陸軍のコンバット・コマンドの概念を適用して機動群（Groupes Mobiles 略してGM）と改称。その後、インドシナ戦時中に計17個機動群（GM1～11、14、21、42、51、100、101）が編成された。

このGMは、人員約3000～3500名。通常は、司令部、トラック乗車の歩兵大隊3個、牽引式105㎜榴弾砲中隊、戦車小隊（3～5両）、通信や医療などの後方支援部隊で構成されており、任務によっては歩兵大隊が追加されることもあった。歩兵大隊は、外人部隊または植民地大隊1個と、北アフリカまたは現地採用のベトナム兵大隊2個が一般的だったが、ベトナム国民軍（ベトナム国）の機動群も2個編成されている。

フランス軍は、ベトミン軍に拠点間を移動する車列を待ち伏せされたり、拠点から出撃した部隊を奇襲されたりした時には、これらの高い機動力と一定の打撃力を持つ機甲部隊を「火消し」部隊として投入したのだ。

フランス軍の小装甲群と偵察群

1951年には、こうした「火消し」部隊としての使い勝手の良さを高めるために、小ぶりな本部、機甲中隊（M24軽戦車3両とハーフトラック2両からなる機甲小隊4個基幹）1個、機械化歩兵中隊（ハーフトラック乗車）2個からなる小装甲群（Sous-Groupement Blindé 略してSGB）を一時的に編成するようになった。ただし、ベトミン軍部隊が潜伏していると思われる村落内を捜索したり、ベトミン軍の待ち伏せの裏をかいて逆襲をかけたりするには、下車歩兵の兵力が十分とはいえず、しばしば追加の歩兵大隊が増強された。そして1953年末までに、SGBは、支援の81㎜迫撃砲小隊が所属する本部、M24軽戦車中隊、機械化歩兵中隊1個、自動車化歩兵中隊2～3個で編成されるようになった。

また1951年から、優れた機動力を持つ偵察群（Groupes d'Escadrons de Reconnaissance 略してGER）も編成されるようになった。このGERは、M24軽戦車中隊、装甲車中隊

フランス軍の小装甲群（SGB）

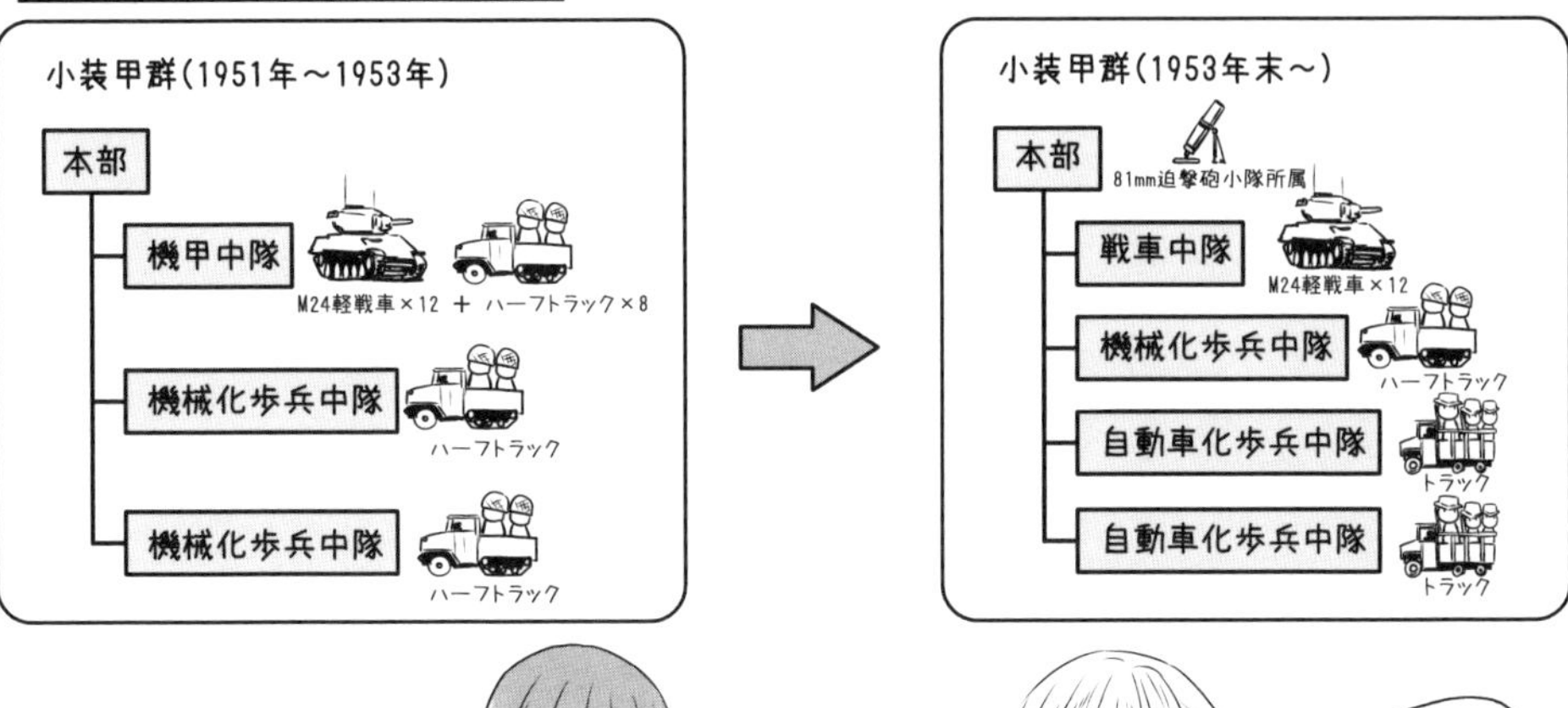

フランス軍の偵察群（GER）

インドシナ戦争で戦車を使っていたのはほぼフランス軍だけで、中東戦争みたいな戦車対戦車の戦いは起きなかったんだね。

■偵察群の編制

（M8装甲車5両からなる装甲車小隊3個基幹）、自走砲小隊（75㎜自走榴弾砲M8が3両）を基幹としており、これに現地兵の歩兵部隊が配属された。

フランス軍は、こうした機甲部隊でベトミン軍の待ち伏せに対応したり、味方の歩兵部隊を支援したりしたのだ。

水陸両用部隊の活用

フランス軍は、水田や湿地の多いインドシナの地形に対応するため、アメリカ製で非装甲だが水陸両用のM29C貨物輸送車ウォーター・ウィーゼル（M29ウィーゼルの浮航能力を向上させた改良型）を導入。フランス兵には「クラーブ」（カニ）と呼ばれた。当初、このM29Cは、もっぱら補給物資や死傷者などの輸送に使われた。

1947年末には、第1外人騎兵連隊がM29Cを初めて入手。第1および第2外人騎兵連隊で、機関銃などを搭載した武装型を含むクラーブ部隊の戦術の実験や研究が重ねられて、M29Cを装備する水陸両用群（Groupe d'Escadrons Amphibie 略してGEA）が編成されるようになった。このGEAは、水田の多い地域や湿地帯などで、徒歩や車両で移動する部隊よりも優れた能力を発揮したといわれている。

1950年10月には、M29Cよりもさらに優れた浮航能

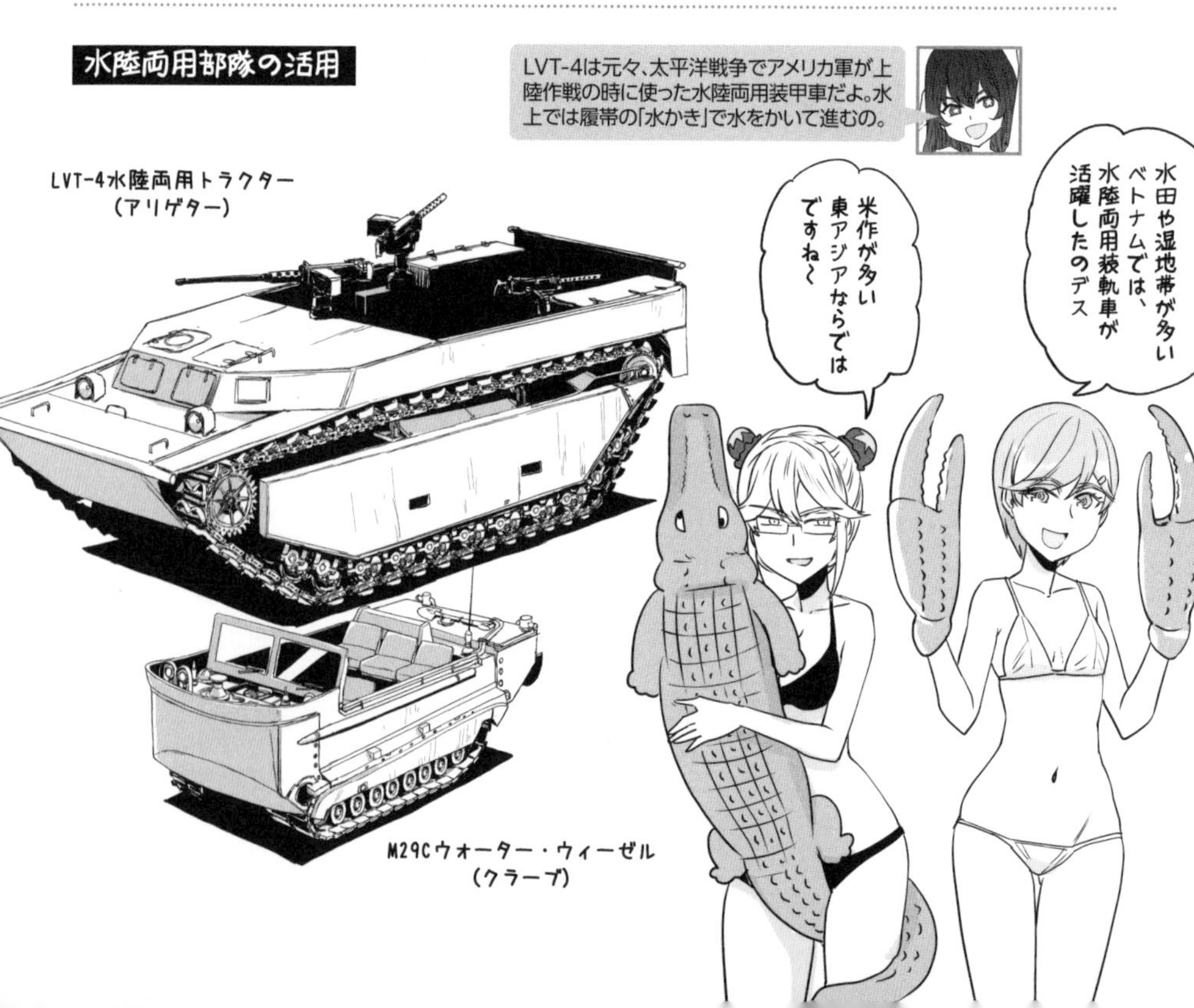

力を持つアメリカ製のLVT－4水陸両用トラクターが導入され、フランス兵から「アリゲター」（ワニ）と呼ばれた。LVT－4は、M29Cよりも収容能力が大きく、装甲が施され、重機関銃や無反動砲も搭載された。初期のアリゲター部隊は、指揮車1両、兵員輸送車4両、回収車1両に、75㎜砲搭載のLVT（A）－4を2両加えた計8両で構成される小隊単位で独立運用された。しかし、M29Cとの分離はうまくいかず、のちにLVTと組み合わせて運用されるようになった。

フランス軍とベトミン軍の戦術

インドシナ戦争の初期は、日本軍が残置した小火器程度の装備のベトミン軍部隊に対して、戦車を含む装甲車両や重火器などの重装備を持つフランス軍部隊が、火力や機動力の優位を活かして戦いを優位に進めていった。たとえば、開戦当初のハノイのベトミン軍は、兵力2500名ながら小銃と機関銃をあわせて1500挺しか持っていなかったという。

そのためベトミン軍は、機甲部隊の機動力の発揮が困難な水田や湿地の多いソンコイ・デルタ地帯、あるいは大規模な砲兵部隊の展開がむずかしい北部の山地やジャングルな

フランス軍の戦術

どに潜んで、小部隊によるゲリラ戦を展開するようになった。

これに対してフランス軍は、1947年10月の「レア」作戦の失敗以降、まず拠点を確保して、そこから平定地域をジワジワと広げていく、という「タッシュ・デュイル」（油の染みの意）作戦を展開していった。また、空挺部隊や機甲部隊などの機動力に優れた部隊を投入してベトミン軍部隊を叩く攻撃的な作戦をしばしば実施している。

対するベトミン軍は、フランス軍の拠点と拠点の間を移動する車列を待ち伏せしたり、拠点から出撃した部隊を奇襲したりするゲリラ戦を展開した。

こうした攻撃に対してフランス軍は、高い機動力と一定の打撃力を持つ機甲部隊を「火消し」部隊として投入した。本来、インドシナの地形は、水田や湿地、ジャングルや山地など、機甲部隊の運用に適していない地形が多かった。それでもフランス軍は、道路や草地など装甲車両が通過可能な地形を網羅した詳細な地図を作成して、各地で機甲部隊を有効に活用するようになった。加えて、M29CやLVT-4などの水陸両用車両も活用し、神出鬼没のゲリラ戦を展開するベトミン軍部隊に対抗しようとした。

しかし、ベトミン軍は、中国など諸外国の援助を受けて正規戦部隊を強化し、「ディエンビエンフーの戦い」でフランス軍に決定的な打撃を与えることに成功したのだった。

インドシナに派遣されたフランス軍のおもな機甲部隊
第２装甲師団行進群（Groupement de Marche de la 2ème Division Blindée）
カンボジア装甲コマンド（Commando Blindé du Cambodge）
第９龍騎兵連隊（9ème Régiment de Dragons）
独立偵察中隊（Escadron Autonome de Reconnaissance）
上トンキン装甲群機械化歩兵大隊（Bataillon Porté du Groupement Blindée du Haut Tonkin）
装甲軍行進中隊群（Groupe d'escadrons de Marche de l'Arme Blindée）
極東スパヒ行進連隊（Régiment de Marche de Spahis d'Extrème Orient）
第１落下傘軽騎兵連隊（1er Régiment de Hussards Parachutistes）
第１猟騎兵連隊（1er Régiment de Chasseurs）
第５猟騎兵連隊「ポーランド王国」（5er Régiment de Chasseurs “Royal- Pologne”）
第４機械化龍騎兵連隊（4ème Régiment de Dragons Portés）
第８アルジェリア・スパヒ連隊（8ème Régiment de Spahis Algériens）
第２モロッコ・スパヒ連隊（2ème Régiment de Spahis Marocians）
第５モロッコ・スパヒ連隊（5ème Régiment de Spahis Marocians）
第６モロッコ・スパヒ連隊（6ème Régiment de Spahis Marocians）
第１外人騎兵連隊（1er régiment étranger de cavalerie）
モロッコ植民地歩兵連隊（Régiment d'Infanterie Coloniale du Maroc）
極東植民地装甲連隊（Régiment Blindé Colonial d'Extrème Orient）

まとめ

■ベトミン軍の戦術

当初は、機動力や火力に優れたフランス軍部隊に押されたが、やがて機動力や火力の発揮がむずかしい地形を利用して小部隊によるゲリラ戦を展開するようになった。

そして、北部の山岳地帯などに拠点を築いて諸外国の援助で正規戦部隊を強化すると、「ディエンビエンフーの戦い」で決定的な勝利をおさめた。

■フランス軍の戦術

フランス軍は、拠点を確保して平定地域を広げていく作戦を展開。ベトミン軍の待ち伏せや奇襲には機械化部隊を「火消し」部隊として投入。しばしば空挺部隊や機甲部隊などを投入してベトミン軍を叩いた。

しかし、拠点のひとつであるディエンビエンフーをベトミン軍に包囲され、守備隊が全滅。フランスは、継戦意欲を失った。

日直

第二講 ベトナム戦争 その1
今回はベトナム戦争
映画「プラトーン」のチャーリー・シーンよ
その前半ね…
アメリカがアジアでの共産主義勢力の膨張を防ぐため、南ベトナム軍を助けるという名目で介入したのね
北ベトナム
ネー
タイ
ラオス
カンボジア
南ベトナム
ベトナム共産化するとドミノになるぅ
フルメタルジャケットのハートマン軍曹だよ
しかし世界最強のアメリカ軍もベトナムの泥沼にハマって、物理的にも精神的にも大きな損害を…
地獄の黙示録のキルゴア中佐です…

マンガでは、
南ベトナム軍の
機甲部隊の戦いについて
見ていきましょう
1962年4月、
南ベトナム軍は、
アメリカから新型のM113
装甲兵員輸送車を供与され、
機械化歩兵中隊が
2個編成されました。
各中隊は、歩兵小隊3個＋
各小隊に3両のM113、
4両のM113と
3門の迫撃砲を持つ支援小隊、
2両のM113を持つ
中隊本部で構成されていました。
中隊本部
M113
M113
歩兵小隊
M113
M113
M113
支援小隊
M113
M113
M113
M113
中隊には軍事顧問として、
アメリカ軍の
ジェームズ・W・
ブリッカー大尉と
スタンリー・E・
ホルトム大尉が加わりました。

これがアメリカ軍の最新鋭の装甲車か…!
M8よりデカくて頼りになりそうだ
第7歩兵師団に配属された
機械化歩兵中隊の中隊長
リー・トン・バ大尉（のちに准将）

中隊の隊員のほとんどは戦闘経験の少ない南ベトナム機甲部隊の出身者で、訓練プログラムは6週間から9週間に延長された
やりなおし!
US ARMY
ゴッ!
ガン
プスン!
そして1962年9月、新編の機械化歩兵中隊の真価が問われる時が来た
南ベトナム陸軍第7歩兵師団はメコンデルタの「葦の平原」での掃討作戦を開始。
中隊も作戦に投入されることになったのだ
いや どうかなあ…
機械化歩兵中隊は複雑な地形に向かないし、重量のあるM113 APCは湿地帯には向かないから
中隊の投入中止を進言したんだ
命令を覆すことはできなかったけど…
ブリッカー大尉

9月25日早朝、機械化歩兵中隊は稼働9両のM113 APCに乗車して基地を出撃
ドド…
葦の平原の運河を渡り、約60人のベトコン部隊を攻撃するよう命じられた

10時45分、中隊は運河の渡河を開始
ドッドッドッ
ザブ…

!!
1個小隊が対岸に到着した時、14名の敵兵を発見
中隊長のリー・トン・バ大尉は攻撃を決心した

各員、攻撃開始!

側面に回りこめ！

つっこめぇ！

だが、命令に反しAPCは敵兵が発見された場所に突進
BA BA BA!

飛んで火にいる夏の虫だ！

囲んで撃て撃て！

DA DA DA!

しかしM113は小銃弾を弾き返し、南ベトナム歩兵は車上から発砲、M2重機関銃も火を噴いてベトコン兵を攻撃した
よーし！敵の弾丸はちゃんと防いでるぞ！

バ大尉！

歩兵を下車させて散開せよ！

えっ？

装甲車に乗ったまま戦う方がいいですよ！

いや、下車して歩兵が直に掃討すべきだ！

顧問がそこまで言うなら…

歩兵！下車戦闘！

しかし
下車戦闘は
失敗だった
ボチャン

下車するとAPCの
利点である機動力と
防御力が発揮できず、
歩兵は膝までの
深さの水に
足を取られた
ノロノロ

一方、地形を熟知した
ベトコンは湿地帯の中の
高台に移動し、
湿地で動きの鈍った
機械化歩兵中隊の歩兵に
対し攻撃を加えてくる
ギャー
ひえー
ワー
中隊は統制がとれなくなり、
死傷者が増え、
作戦は混乱した

クソッ！
やっぱり
下車すべき
じゃなかった…！
ドドドド
衛生兵ー
戦闘は1時間後に
小康状態となった

中隊はAPCに乗り込んで西に移動したが、隠れていたベトコンが小火器で反撃を加えてくる

今度は間違えないぞ
全車、歩兵は乗車したまま戦闘！

APCは敵弾を弾き返し、
蹂躙（じゅうりん）して制圧

ベトコンは昼過ぎには撤退を開始した
装甲車両相手じゃ分が悪い！

葦の平原での戦闘終了後、機械化歩兵中隊は150人以上の敵兵の戦死を確認
♥
38人を捕虜とし、M2重機関銃1挺を含む27挺の銃器を鹵獲（ろかく）したのであった

ヒャッハー
…南ベトナム軍の機甲部隊大活躍！…って
ベトコンは歩兵で、南ベトナム軍は装甲車両って
…弱いものいじめでは…？
でも、この戦訓から以後は下車戦闘が避けられるようになり、
南ベトナム軍のM113はAPC（装甲兵員輸送車）というよりIFV（歩兵戦闘車）のように使われることになるのね
そして、アメリカ軍も南ベトナム軍に倣って、
M113をIFVのように運用することが増えました

ちなみに、バ大尉は南ベトナム軍機甲部隊の第一人者として、
後に機甲総監（准将）になってるんだね
ベトナム戦争前半の細かい流れは次のページから！

ベトナム戦争(その1)

今回からはついにベトナム戦争ね…！

この戦争はアメリカ社会にとてつもない影響を与えたけど、とくに映画はミリオタ必見の名作ぞろい。この辺の映画発の名言とかも多いよね。

『プラトーン』『フルメタルジャケット』『地獄の黙示録』『ハンバーガー・ヒル』『ディア・ハンター』『グッドモーニング、ベトナム』…枚挙にいとまがないですね。

朝のナパームの匂いは格別デス！

それは「地獄の黙示録」のキルゴア中佐…ま、話を本題に戻して…前回の講義で解説したけど、1954年にフランスがインドシナ戦争に負けてベトナムから撤退したのよ。

すると社会主義の北ベトナムが資本主義の南ベトナムに浸透、南ベトナム解放民族戦線(NLF)も北ベトナム軍に呼応して内戦状態になったのね。

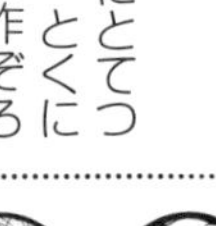

フランスを追い出したらまた内戦かあ…。

で、北ベトナム中心でベトナムが統一されることを恐れたアメリカが、南ベトナムを支援するようになったと。

でも南ベトナムのゴ・ディン・ジェム政権の腐敗と国民への弾圧が酷すぎたり、農民を移住させる「戦略村」計画がガバガバすぎて、南ベトナムの人心は離れていったのか〜。

そして1964年のトンキン湾事件をきっかけにアメリカ軍機が北ベトナムを爆撃する「北爆」が始まり、1965年3月から大規模な地上部隊が派遣されるようになって、ベトナム戦争が本格化したのよ。

圧倒的な空軍力、火力と機動力を持つアメリカ軍は、爆撃で北ベトナムの軍事施設を破壊したり、ヘリを有効に活用した戦術で北ベトナム軍やNLFを攻撃、大損害を与え続けてはいたんだけど…。

北ベトナムは損害以上の兵員を南ベトナムに送り込んで抗戦。アメリカ軍と南ベトナム軍は、どれだけ敵部隊を倒しても、また敵が出てくるという泥沼に陥っていったのです。

逃げない奴はよく訓練されたベトコンだ！デス！

それはハートマン軍曹…あ、そういえばほとんど戦車の話題がないね…。

ベトナム戦争のとくに初期はジャングルでの歩兵戦闘がメインで、あとはヘリでの空中機動やら、北爆での戦闘爆撃機の活躍とかが多くて、正直あんまり戦車の活躍が目立たないのよね…。

と、とりあえずM113に戦車代わりとしてがんばってもらって間をつなごう！

まさかのモブキャラ、M113ちゃんが主役に大抜擢で意外な展開だー！

ゴ・ディン・ジエム政権の成立と南ベトナム解放民族戦線の結成

1954年7月、スイスのジュネーブで、ベトナム、ラオス、カンボジアにおける敵対行為の終止に関する協定（ジュネーブ協定）が締結された。これによってインドシナ戦争は終結し、2年後に統一に向けた総選挙を実施することになった。

ところがアメリカは、東南アジアに社会主義・共産主義国家がドミノ倒しのように拡大していくことを警戒し、ベトナム国（以下、後述するベトナム共和国とともに南ベトナムと記す）とともに協定への署名を拒否。ベトナム国のバオ・ダイ国長は、この協定がまとまる直前に、アメリカの意向でカトリック教徒であるゴ・ディン・ジエムを首相に任命していた。

そのゴ・ディン・ジエムは、アメリカの支援を得てまずバオ・ダイ派などの政敵を排除し、1955年10月に国号をベトナム共和国に改めて初代大統領に就任。次いで共産主義者など反政府勢力に弾圧を加えて、5年間でおよそ80万人の政

第二次世界大戦まで、アメリカはフランスのインドシナ統治に批判的だったけど、大戦後に社会主義・共産主義が東南アジアで伸びてくると、自由主義陣営が脅かされると考えて介入を始めたのね。

ゴ・ディン・ジェム政権が成立

ゴ・ディン・ジェム首相

治犯を逮捕し、このうちの死者は9万人に達したといわれている。

　こうした状況の中で、南ベトナムの反政府勢力は、独自に武器を調達してゲリラ活動を始めた。さらにベトナム民主共和国（ホー・チ・ミン政権。以下、北ベトナムと記す）の政権党であるベトナム労働党は、1959年1月からの党中央委員会で南ベトナムを武力も用いて解放する方針を決定し、1960年9月の党大会で正式に承認。同年12月には南ベトナムで南ベトナム解放民族戦線（National Liberation Front for South Vietnam 略してNLF。いわゆるベトコン）が結成されて、内戦が本格化していく。また、ソ連は北ベトナムを支援し、中国もアメリカとの直接対決を警戒しつつも北ベトナムの本土防衛などを支援することになる。

　なお、ベトナム戦争の始まりは、ジュネーブ協定の締結とともにフランスに代わってアメリカが深く関わるようになった1954年、あるいはNLFが結成された1960年や、後述するアメリカ軍の本格的な軍事介入が始まった1965年など、いくつかの考え方がある。

「戦略村」の失敗とゴ・ディン・ジェム政権の崩壊

アメリカは、フランスとの交渉を経て、1955年1月から南

ベトナム軍の訓練の責任を移譲されており、同時に南ベトナムへの直接援助を開始していた。1960年までの援助総額は29億ドルに達し、このうちの約6割は軍事援助だった。

アメリカから派遣された軍事顧問団は、1961年末に3000名、1962年末には1万1000名と急増。この間の1962年2月には、南ベトナムのタンソンニャット空軍基地にベトナム軍事援助司令部（U.S.Military Assistance Command,Vietnam略してMACV）が新設されるなど、アメリカ軍は南ベトナムでの軍事行動に深く関わるようになっていく。

アメリカの後押しを受けた南ベトナム軍は、NLF部隊との対ゲリラ戦で、ゲリラと一般民衆の区別という難題にぶつかった。そこで同軍は、1948年に始まったマラヤ危機で英連邦軍が対ゲリラ戦で成功を収めた手法、すなわち農民を鉄条網や地雷などで囲まれた「戦略村」に移住させてゲリラ勢力から隔離する、という「サンライズ」作戦を1962年3月から実施した。

だが、南ベトナムの農民は、十分な補償も無く先祖の墓のある土地から移住を強制されて強く反発。南ベトナム軍は、ゲリラ勢力の農民への浸透を防ぐことができなかった。加えて、戦略村の数が約3200カ所と多く、ゲリラがいない村をNLF部隊が攻撃してくると十分に防衛できなかった。結局、「サンライズ」作戦はうまくいかず、1964年秋頃までに完全に放棄されることに

「戦略村」の失敗

なる。

また南ベトナムでは、アメリカからの援助への依存が強まり、ゴ・ディン・ジェム大統領の同族支配と腐敗がまん延。加えてジェム政権は、アメリカ中央情報局（CIA）が訓練した特殊部隊まで投入して仏教勢力を弾圧し、僧侶による抗議の焼身自殺が相次いだ。

やがてアメリカ政府内ではジェム政権への批判が高まり、1963年11月にはアメリカ政府の黙認のもとで南ベトナム軍によるクーデターが勃発。ゴ・ディン・ジェムは殺害されて政権は崩壊した。だが、その後も南ベトナムの政情は安定せず、短期間で政変が相次ぐことになる。

トンキン湾事件とアメリカの本格介入

1964年8月2日、北ベトナム沖のトンキン湾（アメリカ側は公海上と発表したが、かつて仏領インドシナが主張していた領海内）で、アメリカ海軍の駆逐艦が北ベトナム軍の魚雷艇から攻撃を受け、次いで同月4日にもアメリカ海軍の駆逐艦が北ベトナム艦艇に攻撃された（のちに捏造と判明）とされるトンキン湾事件が発生した。

翌5日、アメリカ軍は報復として北ベトナムの魚雷艇基地

ゴ・ディン・ジェム政権の崩壊

ちなみにゴ・ディン・ジェム政権崩壊直後の1963年11月22日、アメリカではケネディ大統領が暗殺されたのよ…。

1963年以降、ジエム政権ではさらに腐敗がまん延し、仏教徒への弾圧も激しくなったの

ゴウッ…

それに抗議して僧侶が焼身自殺。対してジエムの弟の妻が『あんなのただの人間バーベキューよ』と言ったことに世界中が憤慨、ケネディ大統領も激怒したと言われているわ

マダム・ヌー

ジエム政権樹立を後押ししていたアメリカも、ジエムと取り巻きのクズっぷりに匙を投げて軍部のクーデターを黙認。ジエム政権はついに崩壊しました

ナヌゥ？

国際世論

などを爆撃する「ピアス・アロー」作戦を実施。いわゆる「北爆」が始まった。そして同月10日には、アメリカの議会で、議会による正式な宣戦*布告なしに東南アジアでの通常兵力の使用を大統領に許可する、いわゆる「トンキン湾決議」が採択された。

次いで同年11月、NLF部隊が、南ベトナムの首都サイゴン（現ホーチミン）の北東約30kmにある南ベトナムおよびアメリカ空軍のビエンホア航空基地を攻撃し、B-57爆撃機など9機を破壊、21機を損傷させた。続いて同年12月には、NLF部隊およそ1500名が、サイゴンの南西およそ60kmのビンザー村にある南ベトナム軍2個連隊の駐屯地を攻撃。最終的にNLF部隊は500名近い戦死者を出して撤退したが、首都からさほど遠くない場所で連隊規模の作戦を実施できる能力を見せつけた。これらに先立って北ベトナムは、いわゆる「ホーチミン・ルート」を通じてNLFに武器弾薬などの物資や人員を送り始めており、NLF部隊の強化が進められていたのだ。

さらに1965年2月、NLF部隊約300名（30名という異説あり）が、南ベトナム中部のアメリカ陸軍の航空基地であるキャンプ・ホロウェイを攻撃。

*＝合衆国憲法第1条で、議会に戦争を宣言する権限を与えることが定められている。

キャンプ・ホロウェイ攻撃

ほとんど損害を出すことなく、アメリカ軍の死者7名、負傷者104名、航空機10機を破壊、15機を損傷させる大損害を与えた。

その直後、アメリカ軍は、報復として南ベトナム軍と共同で北ベトナムの軍事施設などを爆撃する「フレイミング・ダート」作戦を実施。さらに翌3月から11月にかけて北緯19度以南を継続的に爆撃する「ローリング・サンダー」作戦を展開した。そして、この間の3月にアメリカ海兵隊約3500名が南ベトナム北部のダナンに上陸したことを皮切りに、陸軍の地上部隊を含む本格的な軍事介入が始まった。

また、同年6月には、南ベトナムでグエン・バン・ティエウ(チュー)議長、グエン・カオ・キ首相の軍事政権が成立。ティエウ議長は、1967年9月に行われた大統領選挙を経てゴ・ディン・ジェム以来の大統領に就任することになる。

アメリカ軍とベトナム労働党の戦略

在ベトナムのアメリカ軍兵力は、1965年に18万名、1966年に38万名、1967年に48万名、1968年には53万名と急増していく。加えて、タイやフィリピンなどの周辺諸国にも約20万名が展開することになる。ただし、北ベトナムに宣戦を布告して本格的な戦時体制に移行するようなことはなく、アメリカにとってはあくまでも限定的な局地戦への介入であった。

南ベトナム軍の総兵力は、1968年には82万名に達したが、この

ローリング・サンダー作戦開始

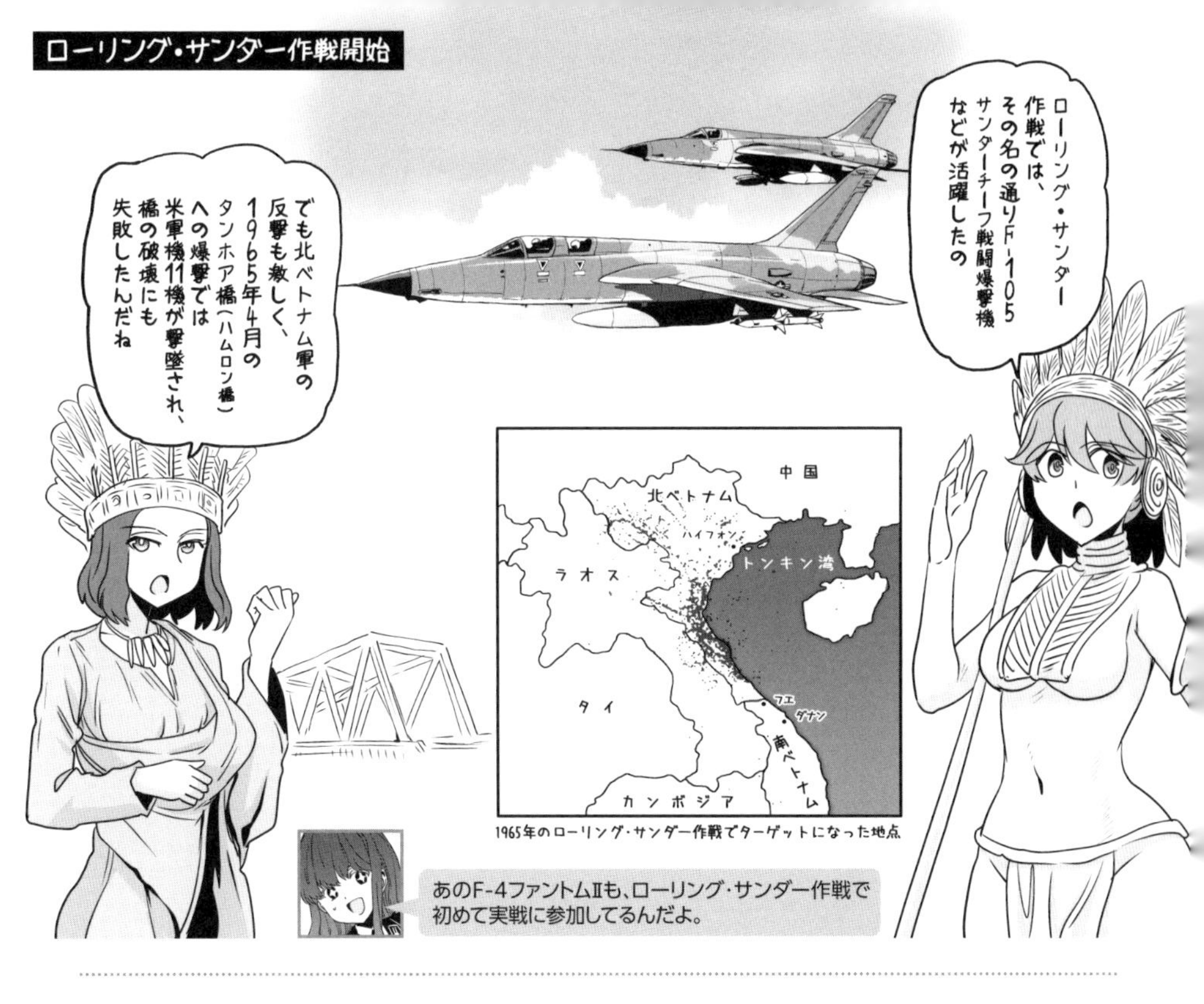

1965年のローリング・サンダー作戦でターゲットになった地点

うちの39万名は練度や装備の劣る地方軍だった（この他に韓国やオーストラリアなど同盟国の軍事支援軍が1968年時点で6・6万名）。

対するNLFの兵力は、1964年時点で、比較的重装備の戦闘中核部隊（正規軍）がおよそ3万名、比較的軽装備のゲリラ部隊（不正規軍、地方軍）が6～8万名、計9～11万名とされている。その後、南ベトナムに派遣された北ベトナム軍部隊と合わせた総兵力は、1966年には27・5万名、1967年には29・5万名に達した（P．68のグラフ参照）。

アメリカ軍のベトナム軍事援助司令部の司令官であるウィリアム・C・ウェストモーランド大将は、機動力と火力の優位を活かして敵部隊を捜索して撃破し、その補充能力を超える損害を与える、という消耗戦を志向した。そしてアメリカ軍は、戦闘においてほとんど常に自軍を上回る損害を敵軍に与え続けた。アメリカ側の推計では、敵の年間の死者数は本格介入前の1965年の1万7000名から、1966年3万5000名と2倍以上になり、その後も増加を続けていく。

具体的な作戦をいくつかあげると、たとえば1967年1月には、歩兵師団2個、歩兵および空挺旅団各1個、機甲騎兵連隊1個と南ベトナム軍部隊あわせて約3万名を投入し、サイゴン北方の「鉄の三角地帯」と呼ばれるNLFの重要拠点を叩く「シーダー・

フォールズ」作戦を実施。次いで、その周辺のＮＬＦの多数の拠点を叩く「ジャンクション・シティ」作戦を2月から5月まで続けてＮＬＦに大損害を与えている。

これに対して北ベトナムの労働党は、アメリカ軍が北ベトナムを爆撃する中でも、戦争全体の帰趨を決定づけるのは南ベトナムである、と考えて、１９６５〜68年だけでも北ベトナム軍部隊を含む約30万人を南ベトナムに送り込んだ。その結果、ＮＬＦおよび北ベトナム軍の兵力は、アメリカ側の推計でも増加を続けていった。要するに、ウェストモーランド将軍の消耗戦を志向する戦略はうまくいかなかったのだ。

南ベトナム軍、アメリカ軍、北ベトナム軍・NLF 部隊の兵員数の推移

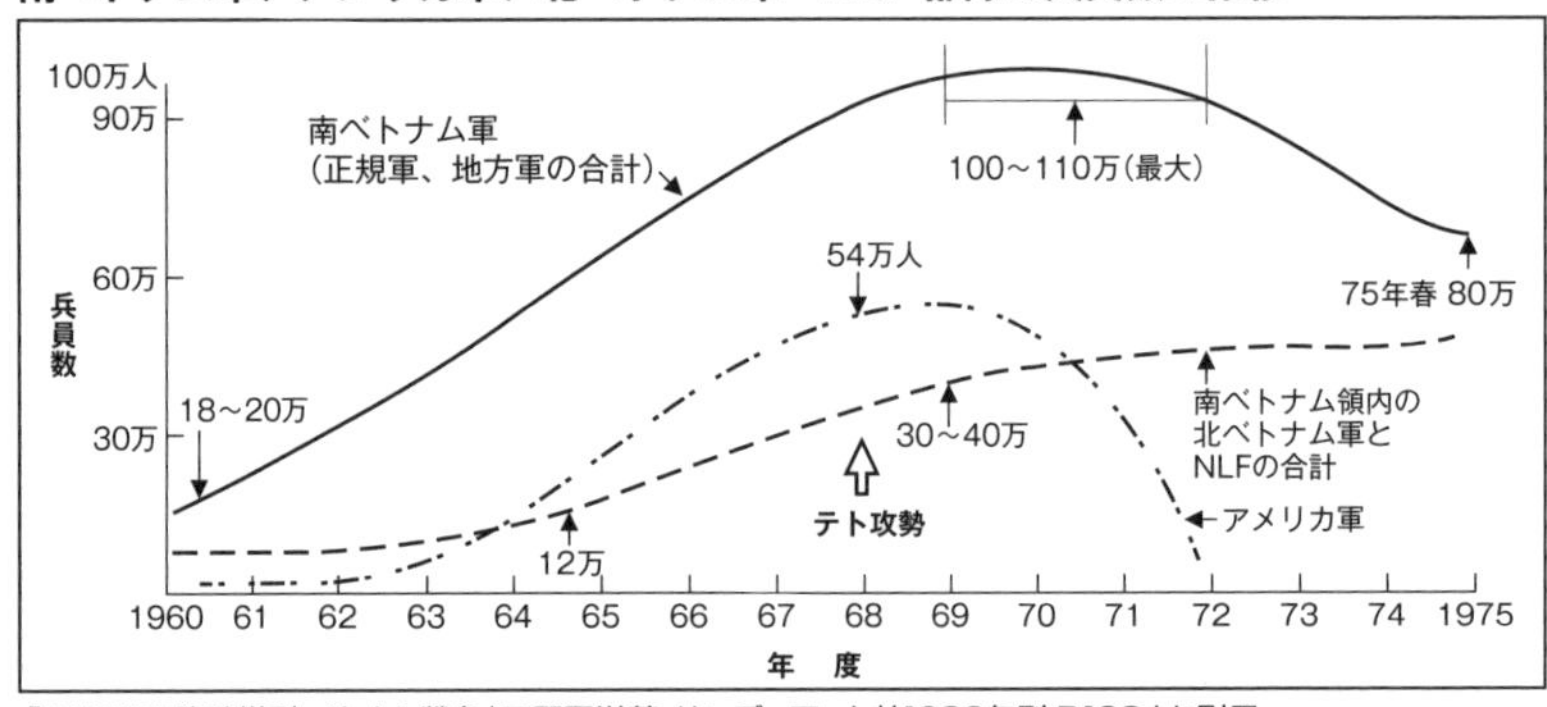

「PANZER臨時増刊 ベトナム戦争」三野正洋著・サンデーアート社1989年刊 P.163より引用

イア・ドラン渓谷の戦い

消耗戦を志向したアメリカ軍vs.南ベトナムに浸透する北ベトナム軍

朝鮮戦争の時も「鉄の三角地帯」があったけど、アメリカ軍は「鉄の三角地帯」ってフレーズが好きなのかな…。

鉄の三角地帯をめぐる戦い

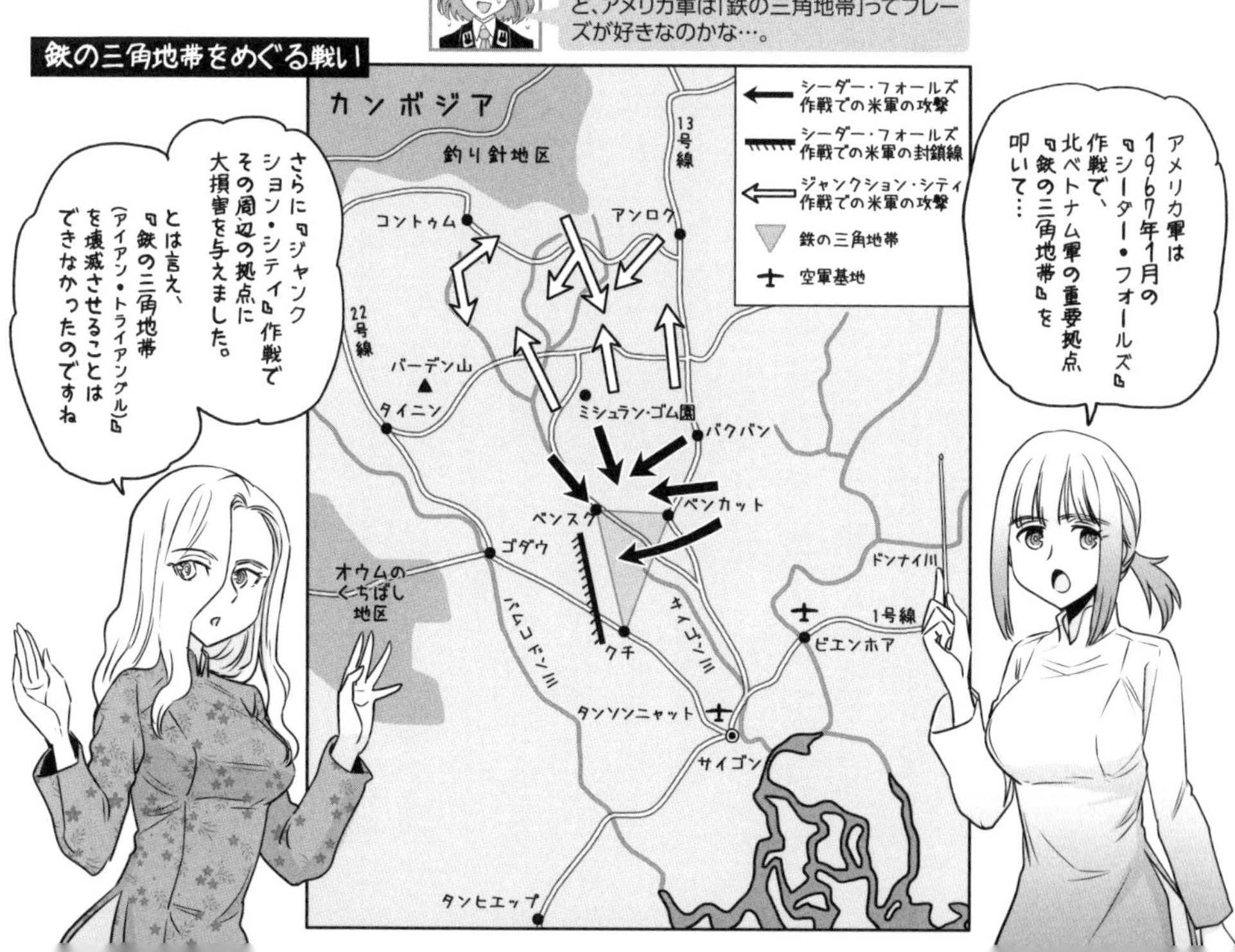

そして1968年1月の旧正月（テト）には、NLF部隊と北ベトナム正規軍による大攻勢、いわゆる「テト攻勢」が始まることになる。

1965年、ダナン空軍基地の西24㎞の村で、第3海兵師団第3海兵連隊第1大隊（1/3海兵大隊）の海兵隊員が、捜索掃討作戦中にベトコン容疑者を移動させている光景

二時間目 南ベトナム軍とアメリカ軍の機甲部隊の編制と戦術

南ベトナム軍の機甲部隊の編制と戦術

ベトナム人機甲部隊の歴史は、インドシナ戦争中の1950年にさかのぼる。フランス軍は、アメリカ製のM8装甲車を装備し、フランス人の将校がベトナム人の兵士を指揮する偵察中隊を編成した。次いで1952年には、サイゴン近郊のトゥドゥックに機甲学校を創設してベトナム人将校の教育を開始。翌1953年には、M8装甲車などを装備する独立の偵察中隊4個と、同様の偵察中隊3個を基幹とする第3ベトナム装甲連隊を編成し、主要道路の警備などに充てるようになった。

その後、南ベトナム軍は、追加のM8装甲車や同じくアメリカ製のM24軽戦車が到着すると、1955年に装甲部隊を拡充して計4個ある軍管区にそれぞれ1個連隊ずつ配備。翌1956年にアメリカ軍の軍事顧問が着任すると、既存の装甲連隊をアメリカ陸軍の機甲騎兵連隊をモデルに改編した。ただし、名称は「連隊（Regiment）」でも、M8装甲車やM3ハーフトラックなどを装備する偵察中隊2個と、M24軽戦車などを装備する戦車中隊1個を基幹とするもので、実際の規模はアメリカ軍の「大隊（Squa dron）」程度にすぎなかった。この機甲騎兵連隊は、1962年頃までは、各地に分散配備されて主要道路を警備するなどもっぱら補助的な任務にあてられている。

その間も、アメリカは各種の装甲車両を含む軍事物資の援助を続けており、南ベトナム軍は、1962年にアメリカ製で水上浮航も可能な全装軌式のM113装甲兵員輸送車（Armored Personnel Carrier 略してAPC）に乗車する機械化歩兵中隊を2個編成。これを第7歩兵師団と第21歩兵師団に1個ずつ配属した。この機械化歩兵中隊は、対戦車火器が不足していたNLF部隊に対して、しばしば近接火力が大きい戦車のような効果を発揮している。たとえば同年6月から9月にかけては、自軍の戦死4名、負傷9名と引き換えに、NLF側に戦死502名、捕虜184名の損害を与えた、とされている。

こうした成功を受けて、南ベトナム軍は機甲部隊の大幅な増強を開始。まず1963年5月までに、M24軽戦車やM8装甲車などを装備する機甲偵察中隊1個と、M113APCを主力とする機甲騎兵中隊2個、計3個中隊基幹の機甲騎兵連隊を4個編成。計4個ある軍団戦術地帯（Corps Tactical Zone 略してCTZ。以前の軍管区を改称したもの）に、それぞれ1個連隊ずつ配備するようになった（第1〜4機甲騎兵連隊。ただし、戦車の機動に向かないメコン・デルタ地帯を含む第Ⅳ軍団戦術地帯に配備

ベトナム軍機甲部隊の師匠はフランス軍

された第2機甲騎兵連隊と、後述する第6、9、10、12、16機甲騎兵連隊／大隊には、M24を含む機甲偵察中隊が無く、機甲騎兵中隊3個基幹）。

次いで1963年12月には、上級司令部が直轄運用する予備兵力として、同じく連隊規模の機甲群を2個編成し、のちに機甲騎兵連隊に改称（第5、第6機甲騎兵連隊）。次いで1965～66年に機甲騎兵連隊を4個（第7～10機甲騎兵連隊）編成し、1967年末には従来の機甲騎兵連隊を機甲騎兵大隊（Squadron）に改称。さらに1968～69年にかけて機甲騎兵大隊を7個（第11～12、14～18機甲騎兵大隊）編成することになる。

また、この間の1965年には、76mm砲を搭載するM41[*1]軽戦車や、M706軽装甲車（メーカー呼称のV-100コマンドの名で知られている）などの新型車両の配備も始められている。

その1965年末時点で、南ベトナム軍には、機甲騎兵大隊が8個、M41軽戦車装備の戦車中隊（定数17両）が5個、M113APC装備の機甲騎兵中隊が21個、M8装甲車装備の機甲偵察中隊が3個、M106自走4・2インチ（107mm）迫撃砲小隊が1個

南ベトナム軍が運用するM113だよ。強力なM2 12.7mm重機関銃を構えてるね。

1968年、アメリカ空軍が基地の警備に使用していたM706（V-100コマンド）軽装甲車

*1＝制式名称は76mm砲戦車M41（76mm Gun Tank M41）。

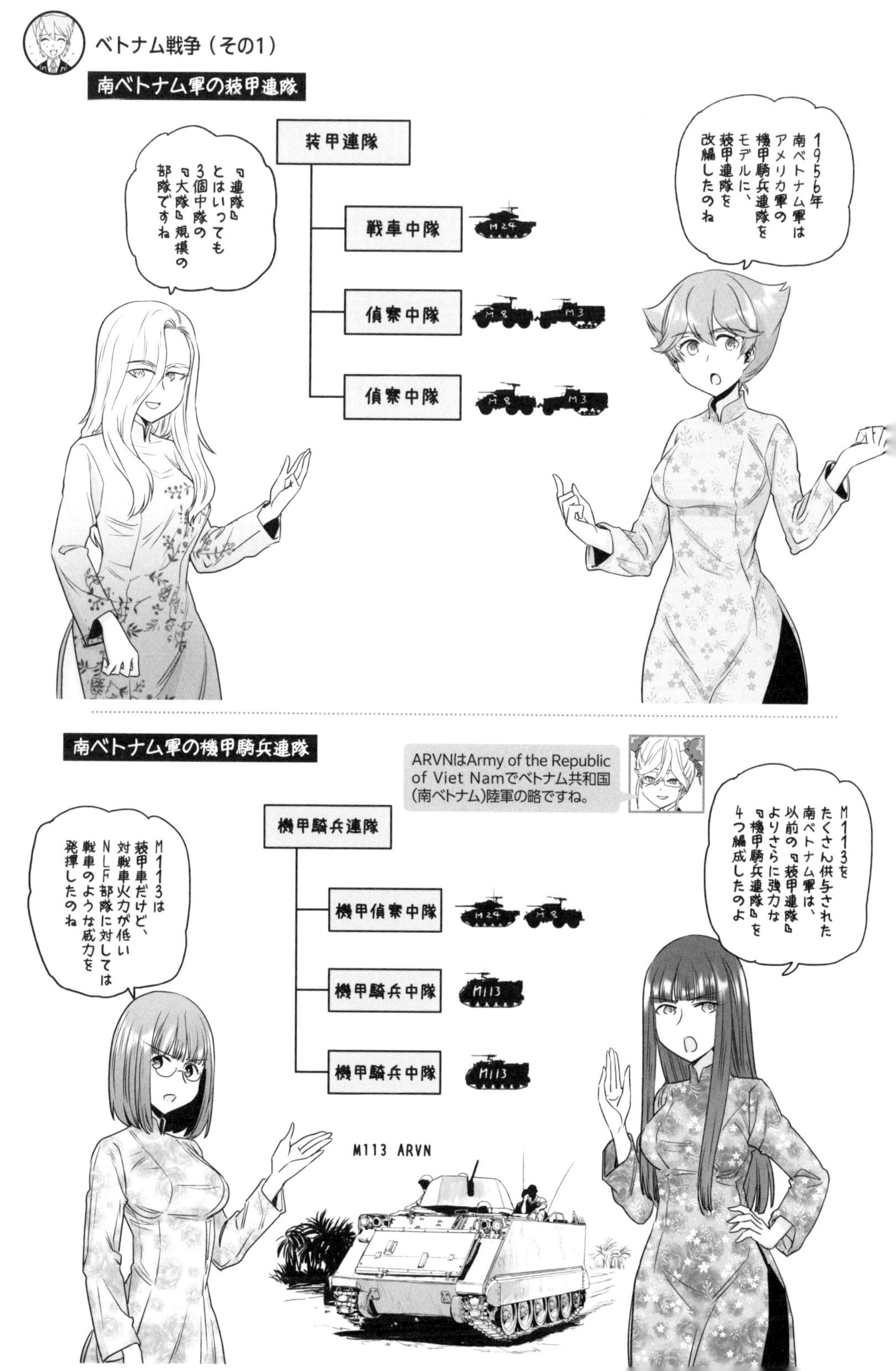

ベトナム戦争（その1）
南ベトナム軍の装甲連隊
装甲連隊
戦車中隊
M24
偵察中隊
M8
M3
偵察中隊
M8
M3
1956年南ベトナム軍はアメリカ軍の機甲騎兵連隊をモデルに、装甲連隊を改編したのね
『連隊』とはいっても3個中隊の『大隊』規模の部隊ですね
南ベトナム軍の機甲騎兵連隊
ARVNはArmy of the Republic of Viet Namでベトナム共和国（南ベトナム）陸軍の略ですね。
機甲騎兵連隊
機甲偵察中隊
M24
M8
機甲騎兵中隊
M113
機甲騎兵中隊
M113
M113をたくさん供与された南ベトナム軍は、以前の『装甲連隊』よりさらに強力な『機甲騎兵連隊』を4つ編成したのよ
M113は装甲車だけど、対戦車火力が低いNLF部隊に対しては戦車のような威力を発揮したのね
M113 ARVN

IFVのように運用されたM113

あった。

そして1969年から1971年にかけて、各軍団戦術地帯に機動的な予備兵力を統括する上級司令部として、第1～4機甲旅団司令部を編成。この間の1970年2月には第1機甲旅団司令部が機甲騎兵大隊2個を指揮して独立した機動作戦を展開するなど、機甲部隊を攻撃任務にも積極的に投入するようになっていく。

また、南ベトナムは、アメリカ製のM113APCを、開発時に想定されていたように歩兵を輸送して戦闘時には下車させる装甲タクシーとしてではなく、機関銃や防盾などを追加して歩兵が乗車したまま戦う歩兵戦闘車（Infantry Fighting Vehicle略してIFV）のように運用した。こうした改造と運用は、後述するようにアメリカ軍にも採用されることになる。

そして、このM113APCは、南ベトナム軍機甲部隊の根幹となり、全装甲車両のおよそ7割を占めるようになる。

アメリカ軍の機甲部隊の編制と戦術

アメリカ軍は、ベトナムに機甲師団を1個も派遣しなかった。ベトナムに派遣された戦車部隊は、陸軍のM48[*2]中戦車を装備する戦車大隊3個と、空挺旅団の所属で実質的には対戦

*2＝制式名称は90mm砲戦車M48（90mm Gun Tank M48）。

*3＝制式名称は90mm自走砲M56（90mm Self-propelled Gun M56）。なお、海兵隊の対戦車大隊には106mm無反動砲6門を搭載する106mm多連装自走砲M50（制式名称はMultiple 106mm Self-propelled Rifle M50）オントスが、水陸両用トラクター大隊にはLVTP-5装軌式揚陸車両（Landing Vehicle,Tracked,Personnel,Mark5）が、それぞれ配備されていた。

車自走砲であるM[*3]56自走砲を装備する戦車中隊1個、海兵隊のM48中戦車を装備する海兵戦車大隊2個だけだ。

当時のアメリカ陸軍の戦車大隊は、本部および本部中隊と支援中隊各1個、戦車中隊3個を基幹としており、1個大隊の戦車の定数は54両だった。また、アメリカ海兵隊の海兵戦車大隊は、本部および支援中隊、戦車中隊3個を基幹としており、1個大隊の戦車の定数は53両＋火炎放射戦車9両だった。

ベトナム戦争におけるアメリカ軍機甲部隊の主力車両は、戦車ではなく、むしろ機甲騎兵部隊などに配備されていたM113APCだったといえる。アメリカ軍も、前述の南ベトナム軍のM113APCと同様に機関銃や防盾などを追加し、ACAV（Armored Cavalry Assault Vehicleの略で機甲騎兵強襲車の意）と呼んだ。

当時のアメリカ陸軍の機甲騎兵大隊は、本部および本部中隊と空中騎兵中隊各1個、機甲騎兵中隊3個を基幹としていた（ただし、機甲騎兵中隊に所属する各機甲騎兵小隊の戦車班にもM48が3両配備されており、1969年からM[*4]551空挺戦車に更新される）。

ベトナムに派遣された第1騎兵師団は、旅団司令部3個、実質は歩兵部隊である騎兵大隊5個（のちに1個追加）と、実質は空挺歩兵部隊である騎兵大隊（空挺）3個、ヘリ大隊3個を基幹と

*4＝制式名称は152mmガンランチャー機甲偵察／空挺強襲車M551（152mm Gun-launcher Armored Reconnaissance/Airborne Assault Vehicle M551）。

ベトナム戦争に参加したアメリカ軍の機甲部隊

■戦車部隊

第16機甲連隊D中隊（第173空挺旅団）
第34機甲連隊第2大隊（第4歩兵師団→第25歩兵師団）
第69機甲連隊第1大隊（第4歩兵師団）
第77機甲連隊第1大隊（第5歩兵師団(機械化)第1旅団）

■機械化歩兵部隊

第2歩兵連隊第2大隊（第1歩兵師団）1967年に機械化改編
第5歩兵師団(機械化)第1旅団（第24軍団）1967年に機械化改編
第5歩兵連隊第1大隊（第25歩兵師団）
第8歩兵連隊第2大隊（第4歩兵師団）
第16歩兵連隊第1大隊（第1歩兵師団）*1
第22歩兵連隊第2大隊（第25歩兵師団）
第25歩兵連隊第4大隊（第25歩兵師団）1967年に機械化改編
第47歩兵連隊第2大隊（第9歩兵師団）
第50歩兵連隊第1大隊（ベトナム第1野戦部隊）
第60歩兵連隊第5大隊（第9歩兵師団）*2
第61歩兵連隊第1大隊（第5歩兵師団(機械化)第1旅団）

■機甲騎兵部隊

第1騎兵連隊第1大隊（第23歩兵師団）
第1騎兵連隊E中隊（第23歩兵師団第11歩兵旅団）
第1騎兵連隊第2大隊（第4歩兵師団）
第4騎兵連隊第1大隊（第1歩兵師団）
第4騎兵連隊第3大隊（第25歩兵師団）
第5騎兵連隊第3大隊（第9歩兵師団）
第10騎兵連隊第1大隊（第4歩兵師団）
第11機甲騎兵連隊（ベトナム第2野戦部隊）
第12騎兵連隊第4大隊A中隊（第5歩兵師団(機械化)第1旅団）
第17騎兵連隊第1大隊B中隊（第82空挺師団）
第17騎兵連隊第2大隊A中隊（第101空挺師団）
第17騎兵連隊第2大隊*3（第101空挺師団）
第17騎兵連隊D中隊*4（第199歩兵旅団(軽)）
第17騎兵連隊E中隊（第173空挺師団）
第17騎兵連隊F中隊（第23歩兵師団第196歩兵旅団）
第17騎兵連隊H中隊（第23歩兵師団第198歩兵旅団）

■特殊機甲部隊

第39騎兵小隊(エア・クッション)*5（第9歩兵師団）

（備考）
※カッコ内は配属された上級部隊
*1=1968年9月に配属師団が第9歩兵師団から変更されるとともに第60歩兵連隊第5大隊から改称。

*2=1968年9月に配属師団が第9歩兵師団に変更されるとともに第16歩兵連隊第1大隊に改称。

*3=隷下のA中隊に続いて展開。1968年12月から1969年6月まで空中騎兵大隊に改編。

*4=1970年10月に一旦活動を停止し、1972年4月に第1騎兵連隊第1大隊D中隊からの人員装備により空中騎兵中隊として活動再開。

*5=イギリスで開発されてアメリカでライセンス生産されたエア・クッション艇(Air Cushion Vehicle、略してACV。ホバー・クラフトのこと)3機を装備。第9歩兵師団第3旅団の人員で編成されたが、部隊名称は非公式。なお、アメリカ海軍も同様のエア・クッション哨戒艇(Patrol Air Cushion Vehicle、略してPACV)3隻を運用している。

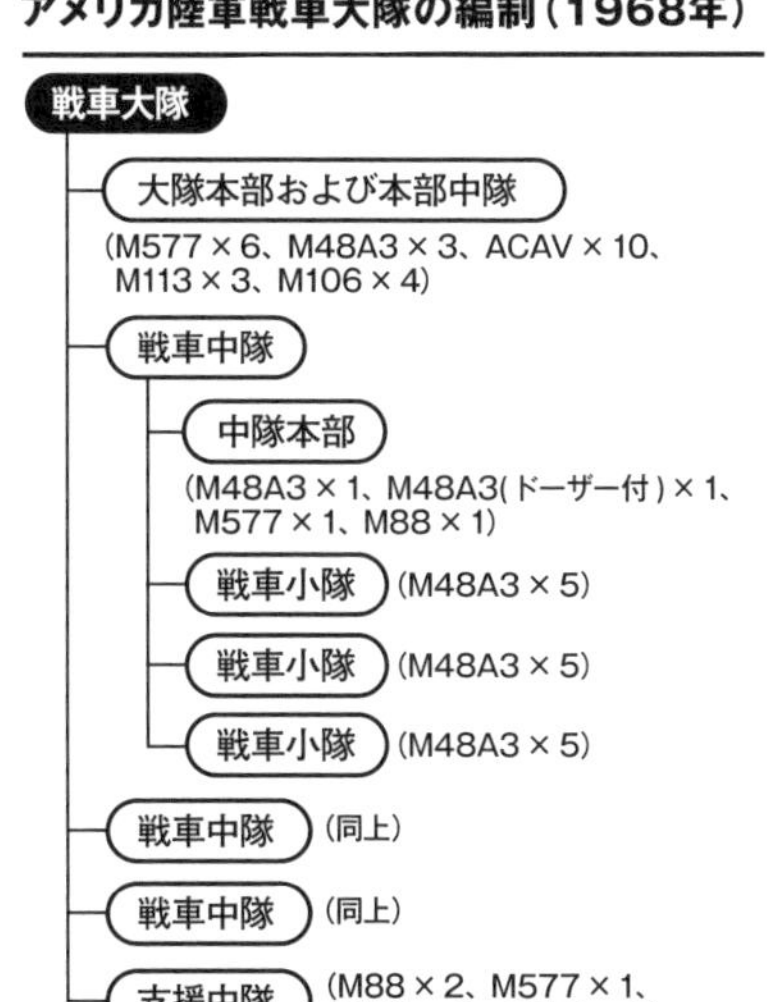

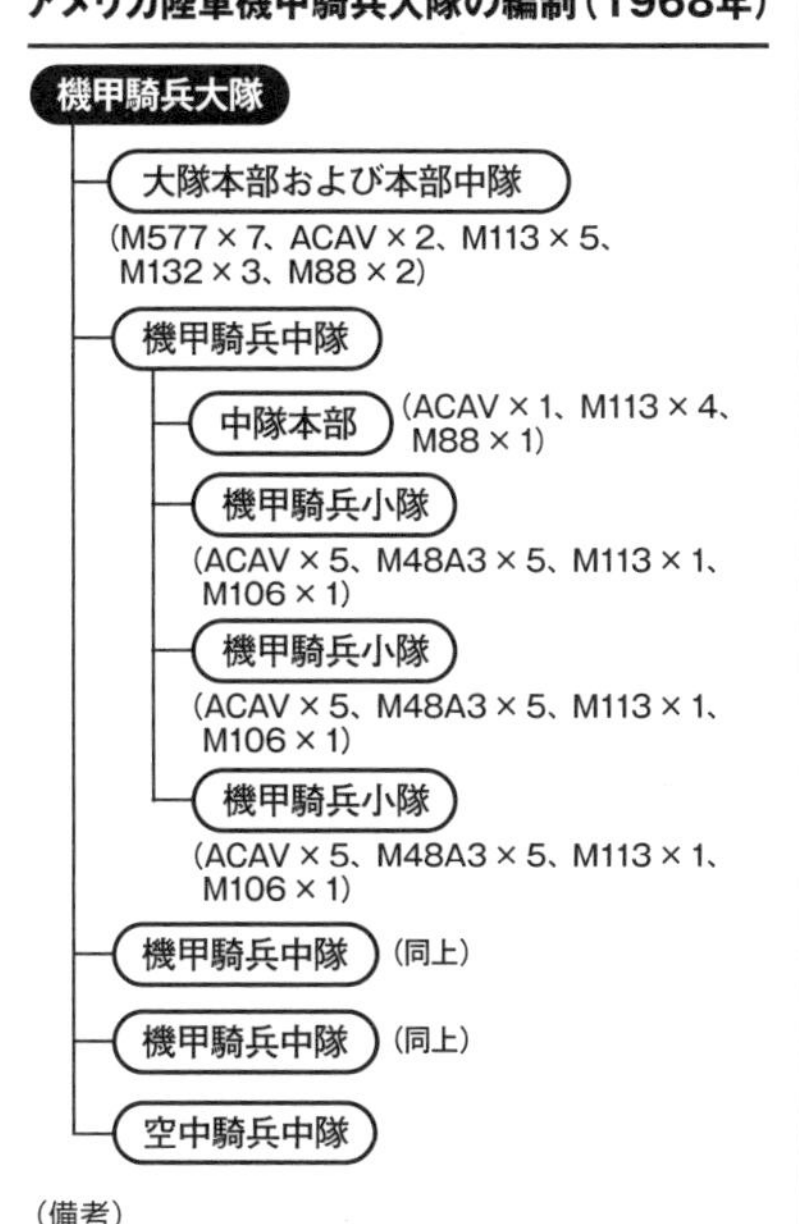

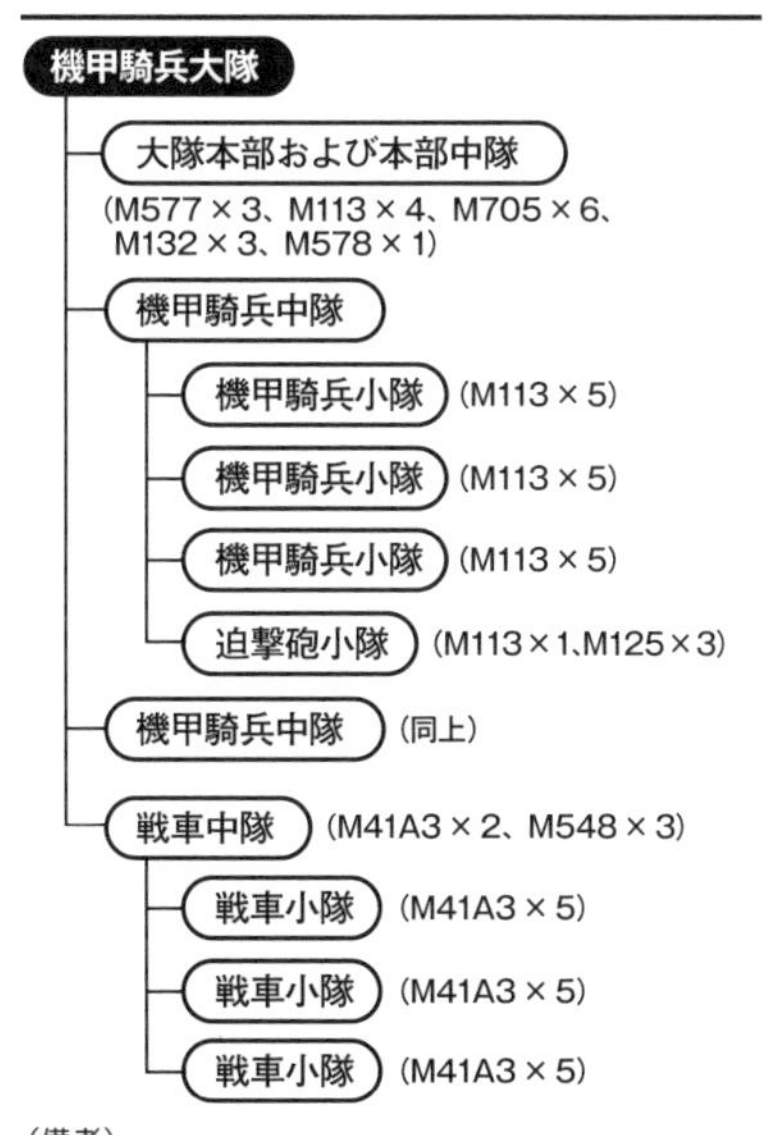

する航空群1個、武装ヘリを装備する航空ロケット大隊を含む師団砲兵などを基幹とする空中機動師団に改編されて、その高い機動力を活かして戦っている。

アメリカ軍がベトナム戦争で活用した戦術のひとつに「サーチ&デストロイ」（捜索と撃破）がある。この戦術は、まずNLF部隊との接触を目的として各地に小兵力のパトロールを積極的に出し、それを奇襲しようとする敵部隊と接触したら、味方の本隊をヘリコプ

ターによる空中機動などを活用して急速に展開させ、敵部隊を捕捉し撃破する、というものだ。

つまり、アメリカ軍は、神出鬼没のゲリラ戦を展開するNLF部隊に対して、ヘリや機甲部隊を活用して機動力を向上させることによって、これを捕捉しようとしたのだ。簡単にいうと、機甲部隊を含む地上部隊はいわば鉄床の役割を、空中機動部隊はいわば金槌の役割を、それぞれ果たすことになる。

1969年にベトナムで撮影された、第25歩兵師団第4騎兵連隊第3大隊のM106 107mm自走迫撃砲

第1騎兵師団（空中機動）の編制（1965年）

- **第1騎兵師団（空中機動）司令部および司令部中隊**
  - 第1旅団司令部および司令部中隊
    - 第8騎兵連隊第1大隊（空挺）
    - 第8騎兵連隊第2大隊（空挺）
    - 第12騎兵連隊第1大隊（空挺）
  - 第2旅団司令部および司令部中隊
    - 第5騎兵連隊第1大隊
    - 第5騎兵連隊第2大隊
    - 第12騎兵連隊第2大隊
  - 第3旅団司令部および司令部中隊
    - 第7騎兵連隊第1大隊
    - 第7騎兵連隊第2大隊
    - 第7騎兵連隊第5大隊 *1
  - 第11航空群（空挺）
    - 第11航空中隊
    - 第277航空大隊本部および本部中隊
      - 第227航空大隊A中隊（UH-1多用途ヘリ）
      - 第227航空大隊B中隊（UH-1多用途ヘリ）
      - 第227航空大隊C中隊（UH-1多用途ヘリ）
      - 第227航空大隊D中隊（UH-1武装ヘリ）
    - 第228航空大隊本部および本部中隊
      - 第228航空大隊A中隊（CH-47輸送ヘリ）
      - 第228航空大隊B中隊（CH-47輸送ヘリ）
      - 第228航空大隊C中隊（CH-47輸送ヘリ）
    - 第229航空大隊本部および本部中隊
      - 第229航空大隊A中隊（UH-1多用途ヘリ）
      - 第229航空大隊B中隊（UH-1多用途ヘリ）
      - 第229航空大隊C中隊（UH-1多用途ヘリ）
      - 第229航空大隊D中隊（UH-1武装ヘリ）
  - 師団砲兵本部および本部中隊
    - 第19野戦砲兵連隊第2大隊（105mm榴弾砲。第1旅団直協）
    - 第21野戦砲兵連隊第1大隊（105mm榴弾砲。第3旅団直協）
    - 第77野戦砲兵連隊第1大隊（105mm榴弾砲。第2旅団直協）
    - 第20野戦砲兵連隊第2大隊（航空ロケット砲兵。UH-1武装ヘリ）
    - 第82野戦砲兵連隊E中隊（航空観測中隊）
  - 第9騎兵連隊第1大隊（師団偵察大隊）
  - 第8工兵大隊
  - 第13通信大隊
  - 第15輸送大隊
  - 第545憲兵中隊
  - 第191軍事情報分遣隊
  - 第371信号情報中隊
  - 師団支援隊本部および本部中隊および音楽隊
    - 第15衛生大隊
    - 第15補給および支援大隊
    - 第15管理中隊
    - 第27整備大隊

*1＝第7騎兵連隊第5大隊は、1966年4月1日に第11歩兵連隊第1大隊の人員装備を用いて、フォート・カーソンで活性化。8月11日に先遣隊が、8月19日に本隊が、ベトナム中南部のクイニョンに到着した。

このようにアメリカ軍は、戦術レベルでは「機動戦」（マニューバー・ウォーフェア）を追求した。そして、こうした「機動戦」の追求は、のちの「エアランド・バトル」ドクトリンにも受け継がれていく。

その一方でアメリカ軍は、戦略レベルでは、一時間目で見たように「消耗戦」（アトリション・ウォーフェア）を志向した。これに対して北ベトナムは、「ホーチミン・ウォーフェア」を通して大量の人員や物資を南ベトナムに送り込んでいる。1967年の時点での男性の労働人口に対する比率を見ると、アメリカは約1％をベトナムに投入しており、限定的な局地戦への介入としては相当の数値に達していた。これに対して北ベトナムは2％強を南ベトナムに送り込んでいるが、民族の統一をかけた総力戦と見れば決して高い数値ではなかった。

そしてアメリカ軍は、個々の戦闘では勝利を重ねていった一方で、「ホーチミン・ルート」を十分に遮断できなかった。その結果、戦術レベルでは勝利を重ねているはずなのに、戦略レベルでは戦争全体の勝利をいつまでたっても得ことができない、という状態に陥ったのだ。

なお、北ベトナム軍の機甲部隊は、1971年に初めて南ベトナム軍の機甲部隊と交戦することになるが、これについては次講で述べる。

まとめ

■南ベトナム軍機甲部隊の戦術

機甲部隊は、1955～56年頃からアメリカからの援助で拡充され、1970年頃から攻撃任務にも積極的に投入されるようになった。

アメリカ製のM113APCに機関銃などを追加してIFVのように運用し、対戦車火器が不足していたNLFのゲリラ部隊に対して戦果をあげた。

■アメリカ軍の戦術と戦略

ベトナムには機甲師団を派遣せず、機甲部隊の主力は機甲騎兵部隊で、南ベトナム軍と同様にM113APCに機関銃などを追加したACAVを活用した。

戦術レベルでは「機動戦」を志向。空中機動部隊を活用した「サーチ&デストロイ」戦術で戦果をあげた。

戦略レベルでは「消耗戦」を志向。だが、北ベトナムは「ホーチミン・ルート」などを通して物資や人員を南ベトナムに送り込み、NLFや北ベトナム軍の兵力は増加していった。

日直 のりこ エリカ

第三講 ベトナム戦争 その2
今回はベトナム戦争の後半です
1968年には北ベトナム軍とNLF(ベトコン)がテト攻勢を発起し、
アメリカの世論が大ショックを受け…
ワー
ギャー
えっ? なんかすごい苦戦してるんですけど?
SHOCK!
ブー
アメリカの大衆
BEER
やめたら? この戦争?
米軍の地上部隊は…
撤退させまーす☆
ニクソン大統領
汚い地上戦だけ現地軍にまかせるのか…
地上部隊
軍事顧問団
えっ
南ベトナム軍

ドロ ドロ ドロドロ
その後、1972年春に北ベトナム軍と
北ベトナム軍とベトコンは大攻勢を開始したのよ
今回はその中で起きた、ベトナム戦争最大級の戦車戦を紹介します
ドンハ
1
ゴォ。。
1971年7月、DMZ(非武装地帯)の南を守る第I軍団隷下に、南ベトナム軍最初の戦車連隊である第20戦車連隊が創設された
装備戦車はM48A3
連隊長
グエン・フー・リー大佐
訓練は多くの障害があったが
アメリカ人教官との言語の問題
中古戦車が故障がち
南ベトナム軍の整備への意識の低さ
1972年3月にかろうじて実戦レベルに到達した

その直後の
1972年
3月30日

北ベトナム軍と
NLFが春季大攻勢(イースター攻勢)を
開始

DMZ(非武装地帯)の
すぐ南のクアンチ省では、
ロケット砲、火砲の射撃と
ともに、100両以上の戦車に
支援された北ベトナム軍
2個師団が殺到してきた

防御していたのは
南ベトナム
第3師団

これに第20戦車連隊も
加わって戦う
ことになる

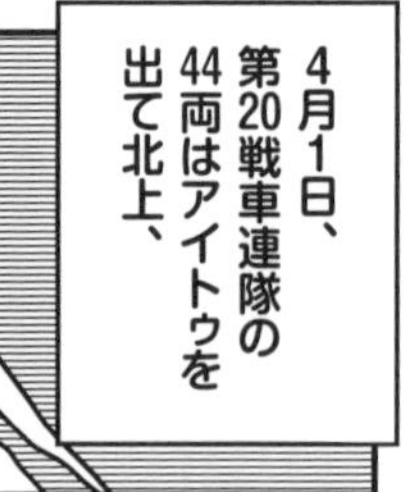

4月1日、
第20戦車連隊の
44両はアイトゥを
出て北上、

クワベト川が流れ、
クアンチ州防御の
要となっている
ドンハに向かう

4月2日夜明け、
南ベトナム軍部隊が
ドンハの橋に
向かっていると
報告を受けた
第20戦車連隊は
9時にはドンハの
橋に到着した

正午ごろ、
第1中隊は
橋の対岸の道路、
第1中隊は西約3㎞の
高台に、第2中隊は
南に配置、第3中隊は
ドンハで防御する
1
2
3
ドロドロ
1号線を南下する
南ベトナム軍の戦車と
歩兵部隊を発見する
ズリズリ
ズズ
第1中隊各車
狙え!

撃て！

ドカ
ドゴ
わあ！
どこから撃たれてるんだ？

M48A3は2500～3000mの距離で射撃し、
7両のPT-76軽戦車と2両のT-54中戦車を一方的に撃破

北ベトナム軍は大混乱に陥り、北に逃げていった
よっしゃ！
第20戦車連隊が受けた訓練の成果が発揮されたのである

ドカン！
ドンハの橋は1630時には米海兵隊部隊によって爆破され、一時的に北ベトナム軍の進撃を停止させた

続いてドンハの西数kmを通る道路、9号線の交差点を見下ろす高台に移動
次は西から来るな！
進め！
ドドドドドド
4月9日には、北ベトナム軍戦車10両に支援された歩兵部隊が進軍してきたのを──
押しているのは我々の方だ！

2800mから長距離射撃で一方的にボコりまくる！
チカチカッ
ゴゴン
ドガン
第1中隊のM48A3はT-54を次々と撃破、10両中8両を破壊した

最終的に連隊は16両のT-54を撃破し、1両の59式戦車を鹵獲
やったぜ!
多数が撃破されたT-54戦車の残骸が水田に散乱していた
ぐぬぬ

見たか共産主義者め!
俺たちはまだ粘るぞ!
シュ…
ドガッ
ギャー

しかし4月23日には対戦車ミサイルAT-3〝サガー〟に数両が撃破される
落ち着いて仕留めていけ!

28日、戦線後方のアイトゥを狙う北ベトナム軍に対処するため後退
退け!
この時、稼働戦車は18両だった
ズズズ…

第20戦車連隊は北ベトナム軍と交戦しつつ後退するが、
水田や小川などでも戦車を失っていき、
……！
5月1日にはついに燃料が底をついた。翌2日にはすべての戦車を失ってフエの北西のキャンプ・エバンスに到着
南ベトナム軍期待の第20戦車連隊は初陣で大きな戦果を挙げたが、
ガボボボボ
ワー
ワー
ワー
北ベトナム軍の奔流の中で消滅したのだった

戦車戦では北ベトナム軍に圧勝してたけど、最後は壊滅しちゃったんだね…
『ランボー1』のシルベスタ・スタローン…？
この後、ベトナム戦争は最終盤に向かっていきマスが…
詳しい内容は本文で！

ベトナム戦争(その2)

今回はベトナム戦争後半、テト攻勢からサイゴン陥落までだね…。

北ベトナム軍は1968年1月21日から、北ベトナムにいちばん近いアメリカ海兵隊の基地、ケサン戦闘基地を包囲して攻撃をかけます。

最前線の基地が包囲…うっ…ディエンビエンフーの悪夢が…。

続いて1月30日には、北ベトナム軍やNLF(ベトコン)が南ベトナムの各地の大都市や基地を一斉に攻撃する空前の大攻勢、「テト攻勢」が始まったのよ。

とくに首都のサイゴンでは、一時はアメリカ大使館を占拠するほどの勢いを見せたんだけど…。

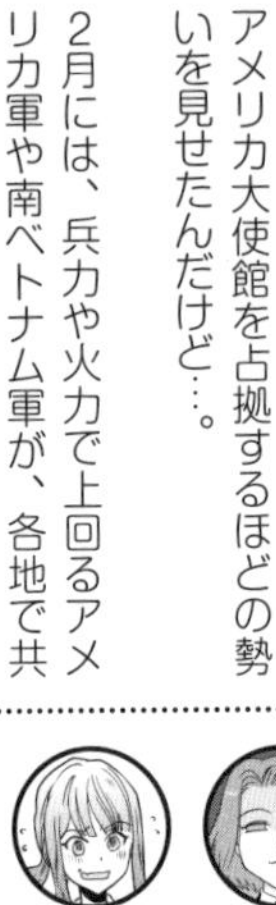

2月には、兵力や火力で上回るアメリカ軍や南ベトナム軍が、各地で共産軍を制圧していったのね。

またケサンでも、北ベトナム軍は大損害を受けて撤退します。

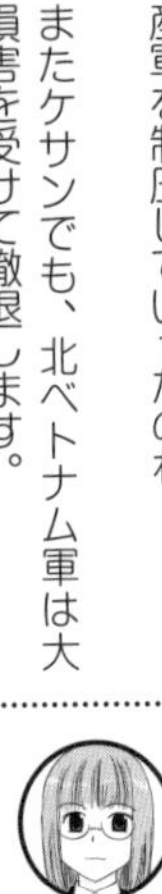

あれ？　テト攻勢って有名だけど、結局失敗してない？

軍事的には失敗だったけど、テト攻勢のニュースはアメリカ国民にショックを与えて、反戦運動やベトナム撤退論が強まることになったの。

北としては、大局的には結果オーライなのか…？

その後、ニクソン新大統領は泥沼のベトナムから手を引く方針を決めたのね。

1970年にはホーチミン・ルートが通っているカンボジアへ進攻。これは成功しましたが…。

翌71年に行われた、南ベトナム軍主体のラオス進攻作戦は失敗したんだな。

南ベトナム軍だけだとやっぱり無理っぽいか…。

で、翌72年の春には、今度は北ベトナム軍が正規軍主体の「イースター攻勢」を敢行したのね。

あの北ベトナム軍が、戦車も装備して近代的な軍隊になってる…！

そして、ついに翌年の73年にはアメリカ軍がほぼ撤退…。

さんざんベトナムをかき回してトンズラですか…。

1975年春には北ベトナム軍とベトコンが大攻勢をかけて、南ベトナム軍は総崩れ。サイゴンが陥落してついにベトナム戦争が終結したんだね…。

やっと戦争は終わったけど、15年間戦場になったベトナムは荒廃して復興には長い年月がかかり、南北の対立も残ったのよ。

もちろん実質的に敗北したアメリカも、軍事的、政治的、社会的に大きな傷を受けたの。

戦場ではヘリを飛ばし、戦車を走らせて、100万ドルの武器を任された兵隊さんが、アメリカ本国に帰ってきたらハブられて駐車係の仕事すらやらせてもらえないアレですな…。**エイドリアーン！**

ランボーとロッキーが混じってるね…。

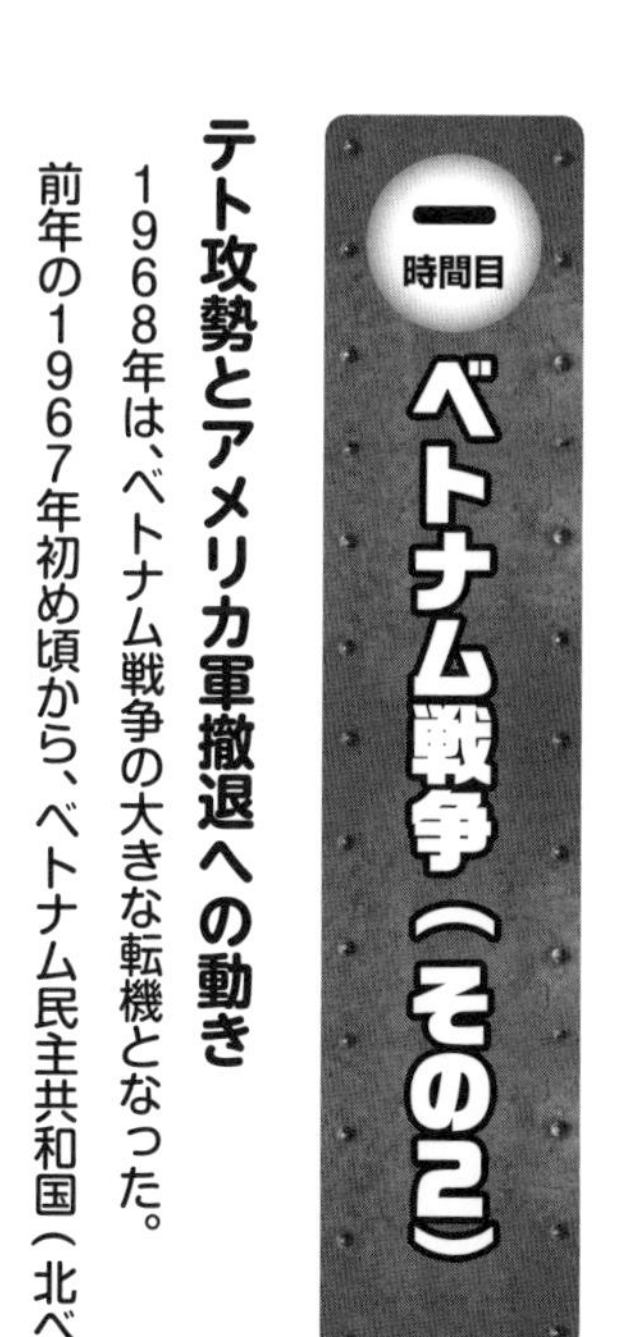

テト攻勢とアメリカ軍撤退への動き

1968年は、ベトナム戦争の大きな転機となった。

前年の1967年初め頃から、ベトナム民主共和国（北ベトナム）の政権党である労働党は、アメリカ軍の消耗戦を志向する戦略が行きづまりつつある中、戦局を大きく変えるような攻勢作戦を考えるようになった。その構想は、重要な都市への軍事攻撃と住民の一斉蜂起によって、ベトナム共和国（南ベトナム）のグエン・バン・ティエウ（チュー）政権を一挙に崩壊に追い込む、という大攻勢作戦に発展。1967年末には労働党政治局の会議で実施が確認されて、1968年1月に労働党の中央委員会で承認を得た。

そして1968年のベトナムの旧正月（テト）にあたる1月30日早朝、北ベトナムの正規軍部隊と南ベトナム解放民族戦線（NLF。いわゆるベトコン）部隊による大攻勢、いわゆる「テト攻勢」が始まった。

この9日前の1月21日から、南ベトナムの北部では、アメリカ海兵隊の2個連隊などが配置されていたケサン基地を、

ケサン攻防戦その1

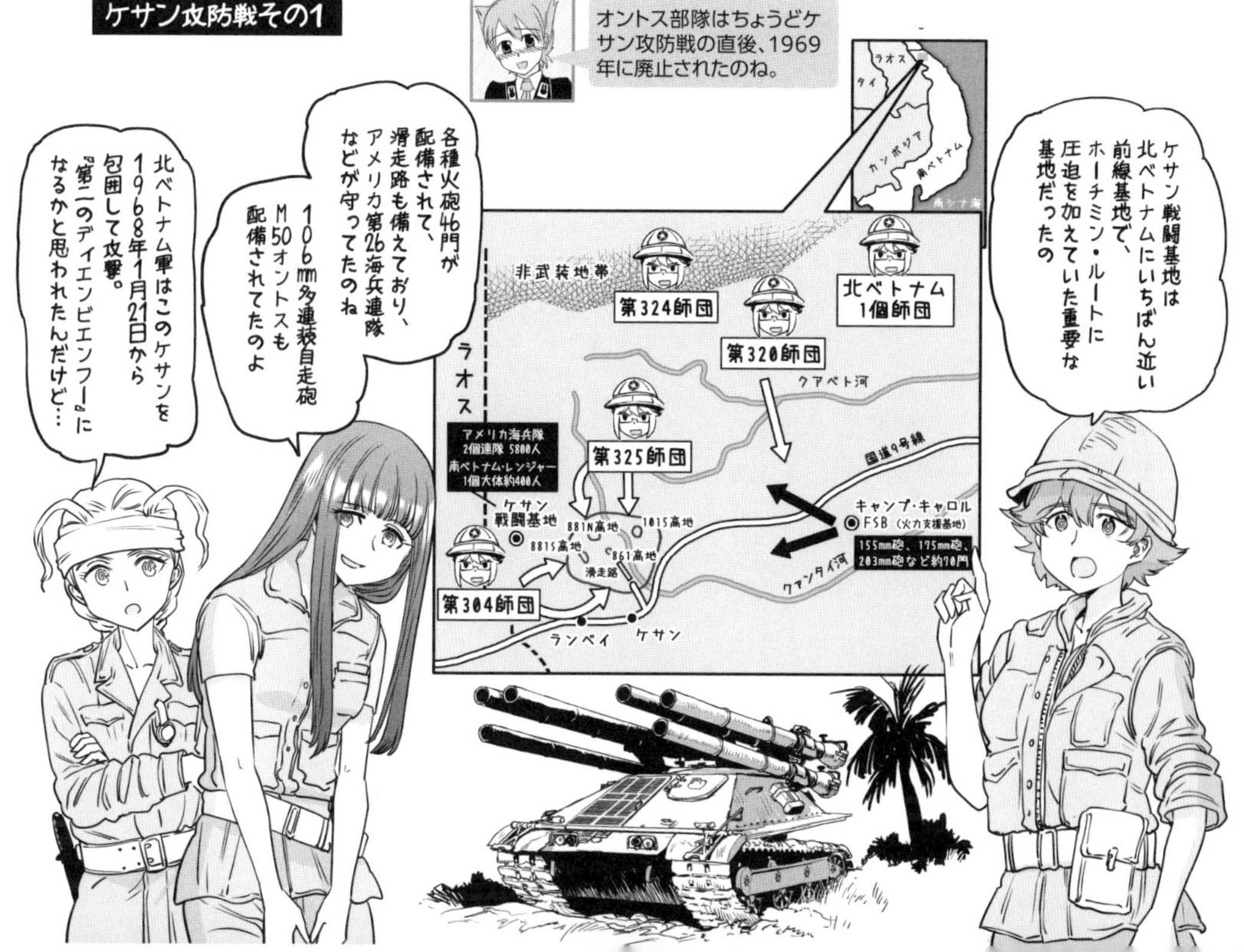

北ベトナム軍の精鋭2個師団が攻撃しており、これが陽動として機能した。

アメリカ軍は北ベトナム軍の主目標がケサン基地だと思い込んだため、テト攻勢が奇襲となったのだ（ケサン基地は、同年3月に開始される救援作戦で危機を脱することになる）。

このテト攻勢は、南ベトナムの省都44カ所のうち36カ所、大規模な基地41カ所のうち23カ所を同時に攻撃するという非常に大規模なものだった。そして、アメリカ軍がケサン方面に増援を送ったことで守りが手薄になった古都フエを1日で占領。さらに首都サイゴン（現ホーチミン）ではNLFの特別攻

1968年のテト攻勢にて、サイゴンで防戦に当たる南ベトナム軍のレンジャー部隊

テト攻勢その1

撃部隊がアメリカ大使館に突入した。

だが、北ベトナムの労働党が期待していたような都市住民の蜂起は実現せず、特別攻撃隊はアメリカ軍や南ベトナム軍に掃討されていった。それでも労働党は都市にこだわって攻撃を繰り返したが、守りを固めたアメリカ軍や南ベトナム軍に撃退された。

結局、このテト攻勢で南ベトナムに送り込まれた北ベトナム軍部隊やとくにNLF部隊は大損害を出し、純軍事的に見ればけっして成功とはいえない結果となった。事実、のちに労働党の中央は、この攻勢の指導について自己批判している。

それでも、この大攻勢は、アメリカ軍と南ベトナム軍がゲリラ勢力を制圧しつつあると思っていたアメリカの世論に大きなショックを与えた。とくに大使館にまで突入されたことは衝撃的だった。その後、アメリカのマスコミはベトナム戦争の行きづまりを伝えるようになり、アメリカ国内では反戦運動が大きく盛り上がることになる。

そして同年3月末、アメリカのリンドン・ジョンソン大統領は、北ベトナムへの爆撃を一時停止して和平交渉を呼びかけるとともに、次の大統領選挙に出馬しないことを表明。これを受けて、同年5月からパリでベトナム和平会議が始

サイゴンへの攻撃

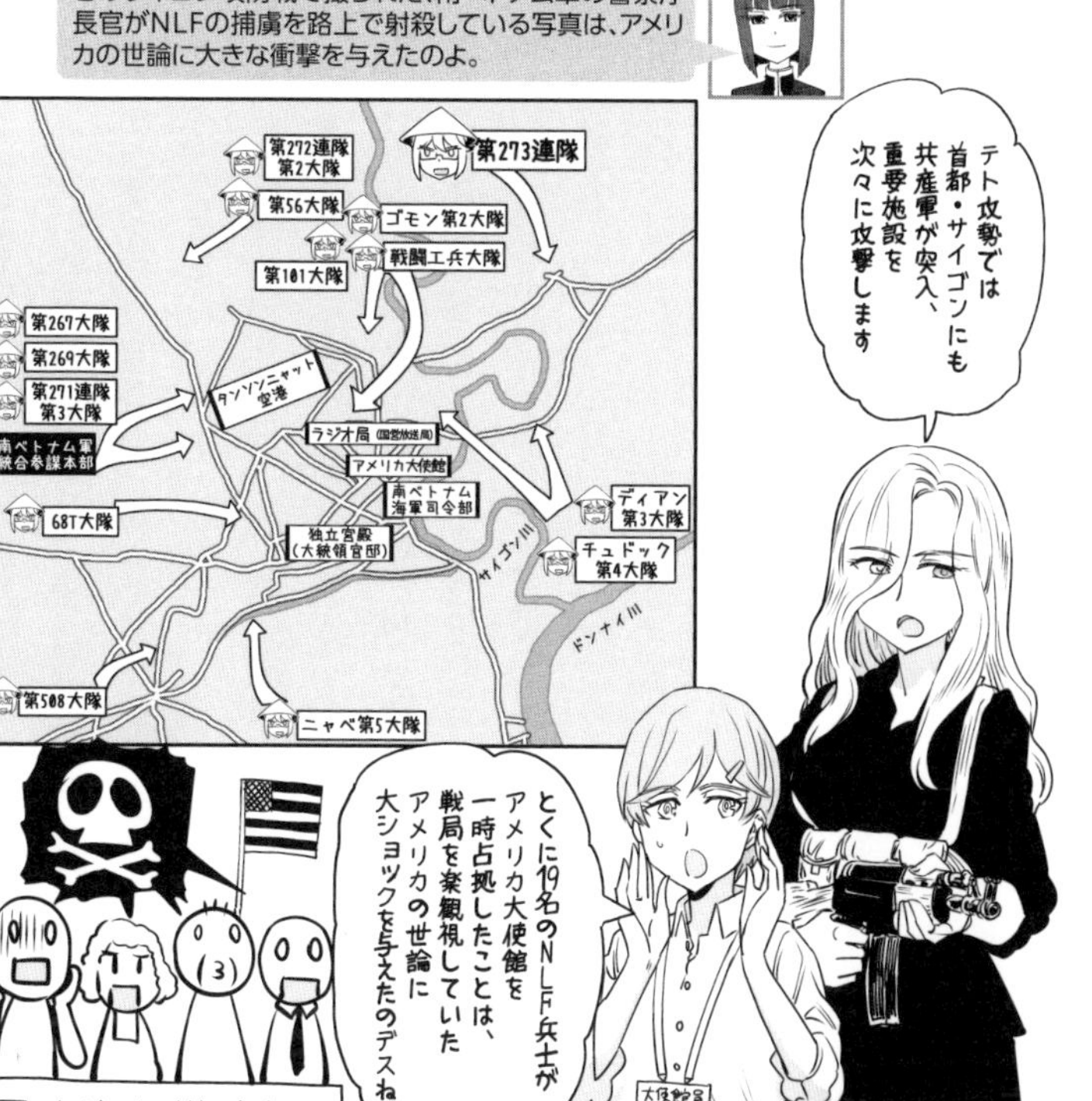

まった。

つまり、テト攻勢は、純軍事的には成功とはいえなかったが、政治的には大きな成功を収めたといえるのだ。

「ベトナム化」とラオス、カンボジアでの作戦

1969年1月にアメリカの新大統領となったリチャード・ニクソンは、ベトナムからアメリカ軍の撤収を進めるとともに、南ベトナム軍を増強して戦闘の主力とする、いわゆる「ベトナム化」を進めていった。

具体的には、同年6月にアメリカ軍の第一次撤収計画を発表し、8月末に最初の2万5000名がベトナムを離れた。その後、アメリカ軍の兵力は、1970年7月に40万名、1971年7月に22万5000名、1972年7月には5万名以下へと急速に減少していく。その一方で南ベトナム軍の兵力は、1968年時点では82万人だったが、1971年末には100万人を超えることになる。

またニクソン政権は、「ベトナム化」の時間を稼ぐため、1969年2月からカンボジア領内でNLFや北ベトナム軍の拠点となっていた「聖域」や、北ベトナムからの輸送路である「ホーチミン・ルート」に対する秘密爆撃を始めていた。

そのカンボジアでは、1970年3月にアメリカの支援を受け

テト攻勢中の1968年3月16日には、アメリカ陸軍兵がソンミ村の住民数百人を虐殺…。1969年12月にはそれが明らかになって、米本国の世論はさらに反戦に傾いたのよ。

たロン・ノル将軍がクーデターを起こし、かつてはカンボジア王国の国王であったノロドム・シアヌークの政権を倒した。次いで、同月末に南ベトナム軍とともに「聖域」への攻撃を開始すると、翌4月にニクソン大統領はアメリカ軍の攻撃参加を許可。このカンボジア進攻作戦は、NLFと北ベトナム軍に戦死者1万名以上の大損害を与えたうえに「聖域」内の拠点で大量の弾薬を鹵獲するなど、大きな成功を収めた。

これに対してシアヌークは、亡命先である共産主義政権下の中国の北京からカンボジアの共産党（クメール・ルージュ）に共闘を呼びかけ、カンプチア王国民族連合政府を結成してロン・ノル政権に対抗することになる。

さらにニクソン政権は、ラオス領内でも「ホーチミン・ルート」に圧力をかけようとした。そして1971年2月には、同ルート上の要衝の攻略を目指して、南ベトナム軍の第1機甲旅団や空挺師団の一部などの精鋭部隊を集めてアメリカ軍も協同して「ラムソン719」作戦を開始。この作戦は、戦闘の主役を南ベトナム軍に代える「ベトナム化」の試金石でもあった。

だが、同方面の北ベトナム軍は、前年のカンボジアでの戦いの反省を生かし、多数の対空火器を集めてアメリカ軍や南ベトナム軍のヘリコプターに大きな損害を与えた。また、虎の子の第202機甲連隊も投入して強力な反撃を繰り返し、精鋭部隊

カンボジア進攻作戦

を集めたはずの南ベトナム軍部隊を撃退。ニクソン政権が進める「ベトナム化」の先行きに暗雲がたちこめることになった。

なお、この間の1969年6月には、ベトナム和平会議でのNLFの立場を強化するため、南ベトナム共和臨時革命政府が樹立されている。

河川を航行する米海軍の河川哨戒艇

イースター攻勢とアメリカ軍地上部隊の撤収

1971年5月、北ベトナムの労働党は、ふたたび戦いの主導権を握って南ベトナム政権に打撃を与えるとともに、アメリカと和平協定を結んでアメリカ軍を撤収させることも視野に入れて、翌1972年に大攻勢を実施することにした。

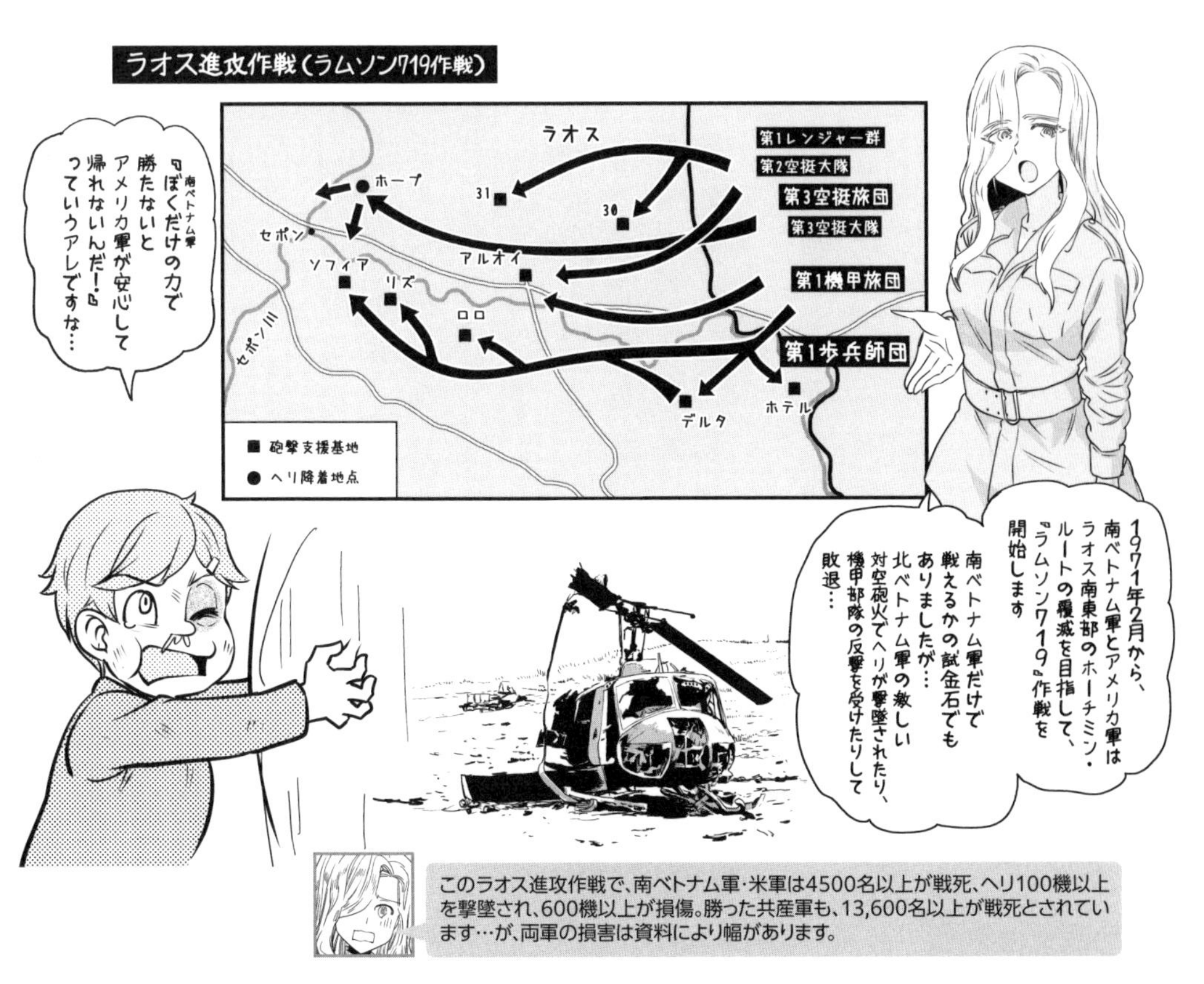

一方、北ベトナムを支援していたソ連と中国は、1969年には国境地帯で軍事衝突が発生するほど対立が激化。1971年7月にはニクソン大統領の訪中が発表され、1972年2月に北京を訪問して米中間の関係改善が始まった。また、1971年10月にはニクソン大統領の訪ソも発表され、1972年5月にはモスクワを訪問して対弾道ミサイル（ABM）制限協定の成立に努力することなどが発表された。

こうしてアメリカと中国やソ連との緊張緩和、いわゆる「デタント」が進展し、北ベトナムの労働党がベトナム戦争にも影響がおよぶことを強く警戒する中、1972年3月30日から北ベトナムの正規軍部隊とNLF部隊による春季攻勢、いわゆる「イースター攻勢」が始まった（ニクソン大統領の訪中、訪ソの日程を見ると非常に微妙なタイミングだったことが分かる）。

この攻勢は、南ベトナム北部の非武装地帯（DMZ）方面、南ベトナムの中部高原方面、メコン・デルタ方面の3方面を軸とする大規模なものだった。とくにDMZ方面では、北ベトナム軍の機甲連隊2個に支援された歩兵師団5個が南ベトナムに進攻している。これに対して南ベトナム軍は、DMZ方面で同軍初の戦車連隊である第20戦車連隊を含む第1機甲旅団を投入して反撃するなど、本格的な正規戦が繰り広

げられた。

またアメリカ軍は、北ベトナムへの爆撃作戦、いわゆる「北爆」を再開し、1972年5月9日から5カ月以上にわたって「ラインバッカー」作戦を実施。大量の爆弾を投下するとともに、北ベトナムのハイフォン港に機雷を投下して封鎖した。これによって北ベトナムは、陸上の輸送ルートを寸断されただけでなく、ソ連や中国からの援助物資も届かなくなり、前線部隊では弾薬や物資が不足するようになった。そして8月頃になると攻勢は勢いを失って、戦局はふたたび膠着状態となった。

ただし、その8月には、アメリカ陸軍および海兵隊のすべての地上戦闘部隊が南ベトナムから撤収し、空軍部隊や警備部隊などが残るだけになっている。

パリ協定と南ベトナムの崩壊

一方、パリで続けられていたベトナム和平会議は、なかなか進展しなかった。

しかし、アメリカ軍は、前述の「イースター攻勢」が一段落した後の1972年12月18日に「ラインバッカーII」作戦を開始。北ベトナムを12日間にわたって激しく爆撃して揺さぶりをかけた。そして1973年1月27日には「ベトナムに

イースター攻勢・クアンチの戦い

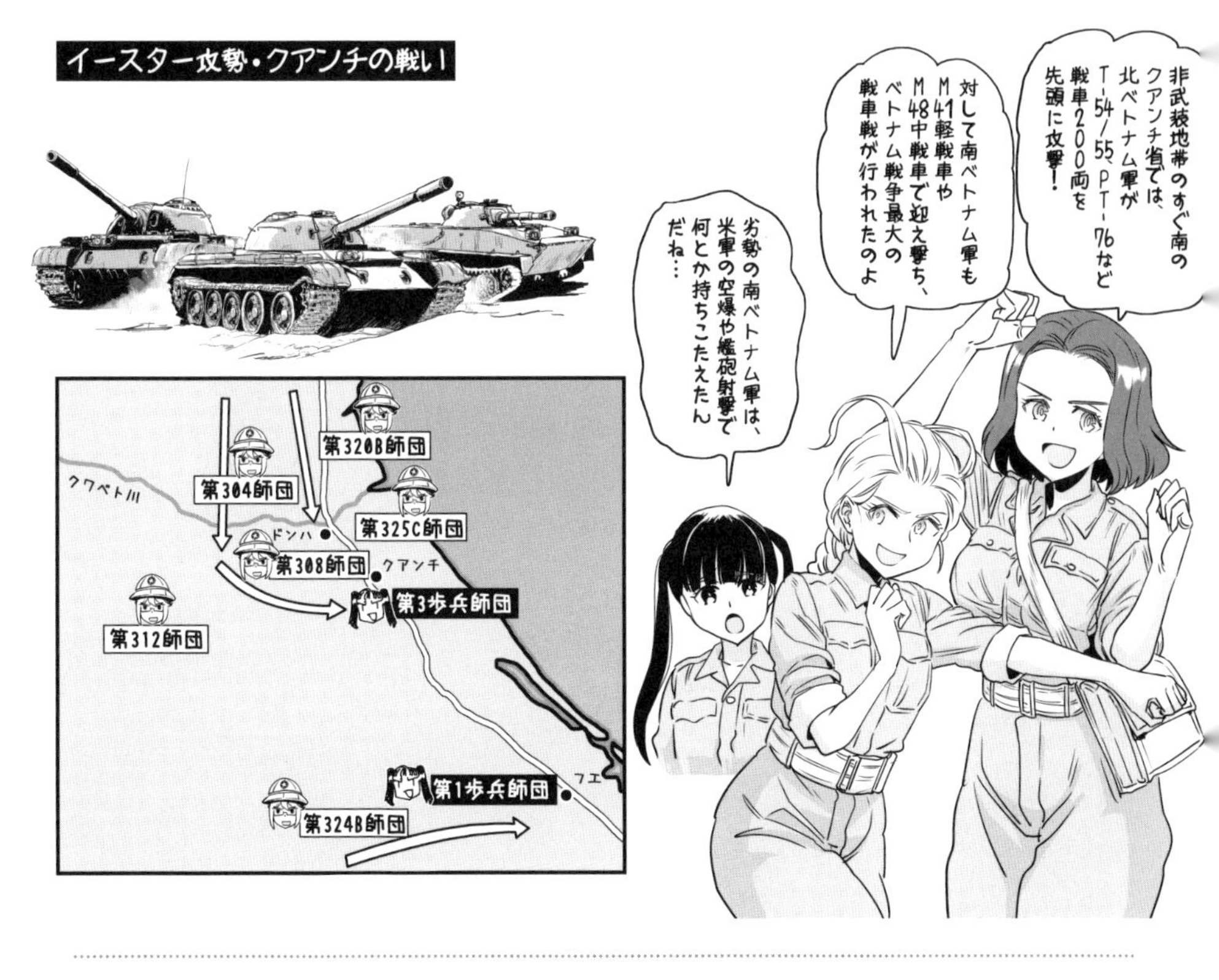

ラインバッカー作戦

ラインバッカー作戦ではF-4ファントムⅡが制空・爆撃共に活躍。アメリカ海軍、空軍共に5機以上撃墜のエースパイロットが生まれたの。

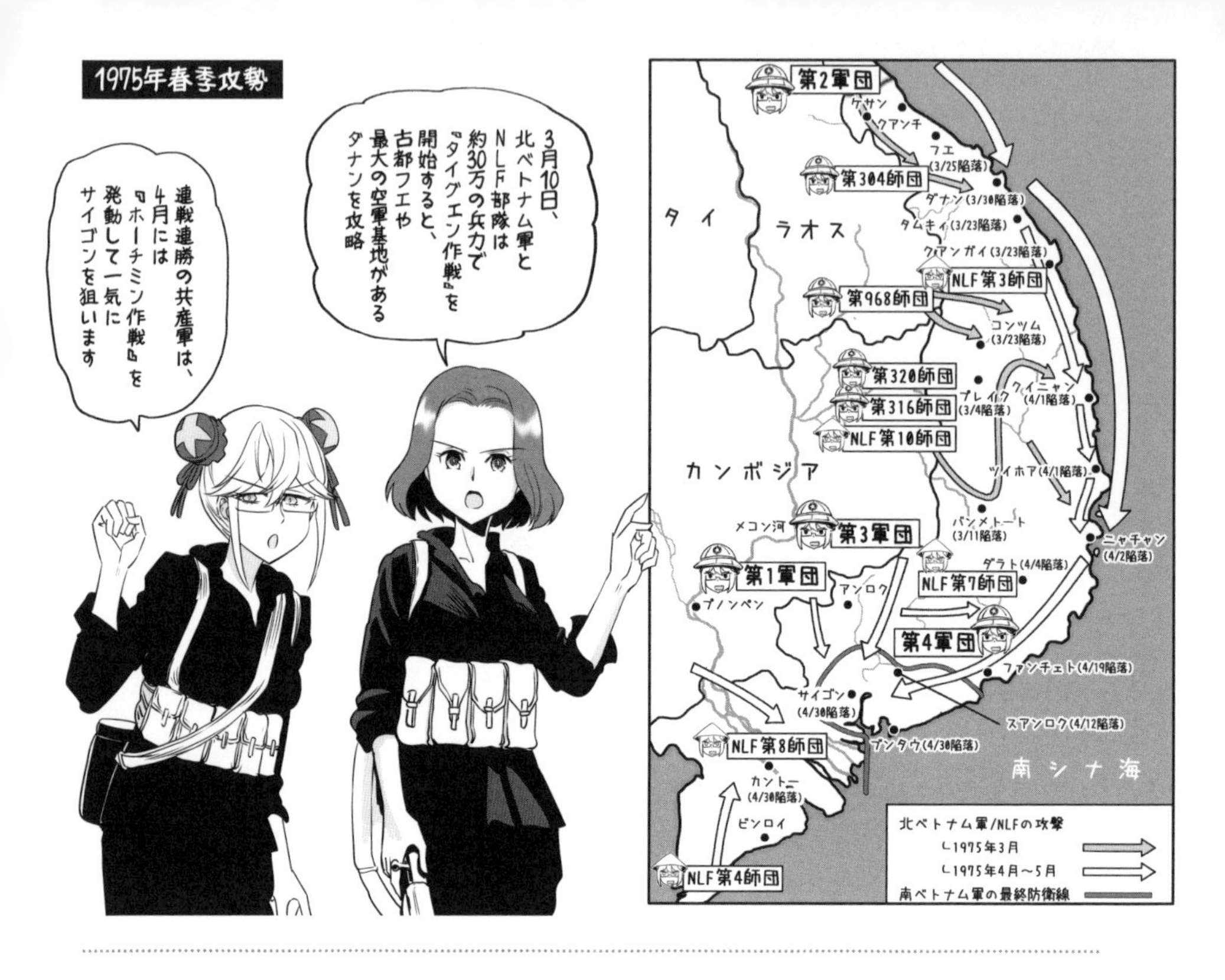

おける戦争の終結及び平和の回復に関する協定」、いわゆる「パリ協定」が結ばれて、停戦が決まった。

この時点では、アメリカ側は、南ベトナムにはアメリカ軍の撤収後も１００万名以上の南ベトナム軍部隊とアメリカが援助した近代兵器があり、アメリカ軍のとくに航空部隊による再介入の脅威によって北ベトナム軍の大攻勢を抑止できれば、南ベトナムのグエン・バン・ティエウ政権がすぐに危機におちいる可能性は少ない、と見ていた。

対する北ベトナム側も、当初はアメリカ軍の再介入を警戒しており、まずは現状の支配地域の確保と、消耗した部隊の補充や再編、南ベトナムへの輸送ルートの復旧と拡充などに力を注ぐことにした。

１９７３年3月29日、アメリカ軍は７９００名の軍事顧問をのぞいてベトナムから撤収した。またニクソン大統領は、１９７２年6月のいわゆる「ウォーターゲート」事件によって、１９７３年11月の大統領選挙で再選をはたしたものの、１９７４年8月には辞任に追い込まれた。

この頃になると、アメリカの議会は南ベトナムに際限なく援助を注ぎ込むことに批判的になっており、次のジェラルド・フォード政権もグエン・バン・ティエウ政権を支えることが困難になっていた。

一方、北ベトナムの労働党は、1974年夏頃からアメリカ国内のこうした変化を明確に認識するようになり、翌1975年にティエウ政権に戦略的な打撃を与える攻勢を開始し、さらに翌年の1976年中に南ベトナム全土の解放を目指す、という方針を決定した。

そして1975年3月10日、北ベトナムの正規軍部隊とNLF部隊による大攻勢が始まった。すると、すでにアメリカの後ろ盾を実質的に失っていた南ベトナム軍は急速に崩壊。3月25日にはフエが陥落し、同月30日にはダナンも陥落した。

北ベトナムの労働党は、戦況の予想外の進展を受けて戦略方針を変更し、同年中にサイゴンの解放を目指すことを決定。4月21日には南ベトナムのグエン・バン・ティエウ大統領が辞任し、4月30日には北ベトナム軍部隊が南ベトナムの大統領官邸に突入してベトナム戦争は終わった。

また、カンボジアでは同年4月に、ラオスでは同年12月に、いずれも共産主義者が主導権を握る政権が全土を掌握した。

こうしてインドシナ半島では、アメリカがベトナムへの介入初期に懸念していたような「ドミノ倒し」が実現することになったのだ。

二時間目 南ベトナム軍と北ベトナム軍の機甲部隊の編制と戦術

南ベトナム軍の機甲部隊の編制と戦術

最初は前講の復習になるが、南ベトナム軍は、1969年から1971年にかけて、南ベトナムの国土を4つに区分した軍団戦術地帯（Corps Tactical Zone 略してCTZ）に、各CTZの機動的な予備兵力を統括する上級司令部として第1〜4機甲旅団司令部をそれぞれ編成し、攻撃任務にも積極的に投入するようになった。

これらの機甲旅団に配属される各機甲騎兵大隊には、76mm砲搭載のM41軽戦車を装備する戦車中隊（定数17両）が1個所属していた（前講の編制図を参照のこと）。機甲部隊の教育訓練はサイゴン近郊のトゥドゥックにある機甲学校で行われたが、M41の乗員の教育ではアメリカ軍と同じ教範*が使われるなど、全般的にアメリカ軍のドクトリンや軍事顧問の影響が大きかった。

南ベトナム軍の第1機甲旅団を例にとると、1971年2月8日にラオスで始まった「ラムソン719」作戦に参加しており、同月27日に北ベトナム軍の機甲部隊と初めて交戦。この時は、南ベトナム軍側の主張によると、アメリカ製のM41 5両でソ連製の

*=『FM17-80 Tanks,76-MM Gun M41 and M41A1 Walker Bulldog』

T－54中戦車6両とPT－76浮航戦車16両を撃破したという。その後、第1機甲旅団は、3月19日に撤退を開始したが、その途中で待ち伏せを受けて大損害を出し、4月6日に南ベトナムに戻った時には兵力のおよそ6割を失っていた。

同年5月、南ベトナム軍は、アメリカ製のM48中戦車を54両装備する第20戦車連隊を編成し、次いで同じくM48を主力とする第21および第22戦車連隊を編成。戦車の行動に適さないメコン・デルタ地帯のある第Ⅰ軍団戦術地帯を除く、第Ⅰ～Ⅲ軍団戦術地帯に戦車連隊を1個ずつ配備した。

第1機甲旅団に所属する第20戦車連隊のM48は、1972年3月30日に始まった「イースター攻勢」で、4月2日に南ベトナム北部のドンハ付近で北ベトナム軍のT－54と交戦。遠距離から砲撃を開始し、T－54を2両、PT－76（中国製の63式水陸両用戦車とする資料もあり）を9両、いずれも一方的に撃破したことが伝えられている。

その後、南ベトナム軍は、4月9日に反撃作戦「クアンチュン729」を開始。これに参加した第1機甲旅団は、M48を1両も失うことなく、T－54を16両以上撃破し、中国製の59式中戦車を1両鹵獲した、とされている。

だが、この反撃作戦は思うように進まず、4月24日までに北ベトナム軍部隊に阻止されてしまった。この頃になると、第1機甲

南ベトナム軍のM48中戦車

旅団は、それまでの激しい戦闘に加えて補給物資や予備部品の不足などもあって装甲車両の損害が増加しており、とくにM41の損失が大幅に増えていた。また、この間の4月23日には、北ベトナム軍が使用するソ連製の対戦車ミサイル・システム9K11マリュートカ（ミサイルそのものの名称は9M14。NATOコードネームはAT－3サガー）に初めて遭遇。同月25日には、M41とM48をあわせて37両喪失し、このうちの数両は対戦車ミサイルによって撃破されたものだった。

次いで4月27日には、北ベトナム軍部隊がドンハへの攻勢を再開。南ベトナム軍部隊は後退を余儀なくされ、第1機甲旅団は予備部品の不足などから戦車や装甲車両の一部を放棄している。そして、5月2日に同旅団がドンハの南西約20kmにあるクアンチから撤退した時には、故障による放棄なども含めて、M41を66両、M48を43両、M113を103両喪失しており、壊滅状態になっていた。

南ベトナム軍の機甲部隊は、アメリカからの支援の減少とともに戦力の維持が困難になっており、とくに1975年になると戦力が大きく低下していたようだ。

そのため、1975年3月10日に北ベトナム軍部隊とNLF部隊による最後の大攻勢が始まると、たとえば第Ⅱ軍団戦術地帯（ⅡCTZ）の第2機甲旅団に所属する第8機甲

対戦車ミサイルvs.南ベトナム軍戦車

騎兵大隊はわずか2日間で北ベトナム軍部隊に圧倒されている。次いでⅡCTZの南ベトナム軍は、総退却を決定した。同CTZの第2機甲旅団は、避難民の行列をぬって移動中に北ベトナム軍部隊に攻撃されて潰走。残存部隊が沿岸部のトゥイホアにたどり着いた時には、戦車を含む装甲車両約300両を喪失していたという。

全体的に見ると、ベトナム戦争における南ベトナム軍の戦車部隊は、条件に恵まれれば高い戦闘力をしばしば発揮したものの、不利な状況ではたびたび大きな損害を出している。とくに戦争末期には、燃料や砲弾などの補給物資や予備部品の不足もあって、多数の車両を喪失している。

1960年5月、サイゴンで撮影された南ベトナム軍のM41ウォーカー・ブルドッグ軽戦車よ。

1971年3月、カンボジア国境の数km東で、M48A1戦車の上から地図座標を確認するアメリカ陸軍第11機甲騎兵連隊の戦車兵たち。日よけのパラソルを立てている

南ベトナム軍の機甲部隊（1973年）

- 第Ⅰ軍団戦術区
  - 第1機甲旅団司令部（ダナン）
    - 第4機甲騎兵大隊
    - 第7機甲騎兵大隊
    - 第11機甲騎兵大隊
    - 第17機甲騎兵大隊
    - 第20戦車連隊
- 第Ⅱ軍団戦術区
  - 第2機甲旅団司令部（プレイク）
    - 第3機甲騎兵大隊
    - 第8機甲騎兵大隊
    - 第14機甲騎兵大隊
    - 第19機甲騎兵大隊
    - 第21戦車連隊
- 第Ⅲ軍団戦術区
  - 第3機甲旅団司令部（ビエンホア）
    - 第1機甲騎兵大隊
    - 第5機甲騎兵大隊
    - 第10機甲騎兵大隊
    - 第15機甲騎兵大隊
    - 第18機甲騎兵大隊
    - 第22戦車連隊
    - （機甲学校）
- 第Ⅳ軍団戦術区
  - 第4機甲旅団司令部（カントー）
    - 第2機甲騎兵大隊
    - 第6機甲騎兵大隊
    - 第9機甲騎兵大隊
    - 第12機甲騎兵大隊
    - 第16機甲騎兵大隊

北ベトナム軍最初期の機甲部隊

T-34-85中戦車

SU-76自走砲

北ベトナム軍の機甲部隊の編制と戦術

北ベトナム軍は、1956年にアメリカ製のM8装甲車とM3ハーフトラック（フランス軍から鹵獲したか中国から提供された車両と思われる）を装備する中隊を編成。これが同軍初の機甲部隊とされている。

1959年には、中国やソ連で教育を受けた要員を基幹として、ソ連製のT－34－85中戦車約35両とSU－76自走砲16両を装備する第202機甲連隊を編成。同連隊は、1964年までに3個大隊基幹となり、このうちの1個大隊には新型のT－54中戦車が配備されるようになった。

北ベトナム軍の戦車部隊は、前述の「ラムソン719」までは、この第202機甲連隊所属の戦車大隊に加えて、独立の戦車大隊と戦車中隊がいくつかあるだけだった。ちなみにアメリカ側では、北ベトナム軍は1971年初めまでにT－54を約50両、T－34－85を約50両、PT－76を約300両保有している、と見積もっていた。

だが、北ベトナム軍は、「ラムソン719」以降に機甲部隊を急速に増強。1971年11月に第201機甲連隊を、次いで第203機甲連隊を新編し、既存の第202機甲連隊も改編した。各機甲連隊は、基本的には戦車大隊2個、装甲

兵員輸送車大隊1個を基幹としていた。連隊全体の装備車種はめったに統一できず、たとえば戦車大隊2個のうち1個はT-54、もう1個はPT-76、装甲兵員輸送車大隊はソ連製のBTR-50装甲兵員輸送車、といった具合だった。戦車大隊は戦車38両、装甲兵員輸送車大隊は30~35両を装備していた。

各戦車大隊は、戦車中隊3個を基幹としており、基本的には装備車種が統一されていた。ただし例外もあり、たとえば第195戦車大隊は、2個中隊が59式戦車、1個中隊がT-34-85を装備していた。また第2戦車大隊は、1個中隊が59式戦車、2個中隊が中国製の63式装甲兵員輸送車を装備していた。

北ベトナム軍は、1965~71年の間に増加した戦車を超える数の戦車を1972年初めに増強した、と主張している。この中には中国製の63式水陸両用戦車や、垂直軸と水平軸の2軸の砲安定装置(スタビライザー)などを備えたT-54Bも含まれていたようだ。そして同年3月に始まった「イースター攻勢」までに、T-54および59式戦車をおよそ350両配備していたと見られている。

北ベトナム軍の機甲部隊の戦術は、当初は歩兵部隊の局地的な支援に重点が置かれていた。しかし、1965年に機甲

T-54中戦車

サイゴン陥落時に、北ベトナム軍のT-54戦車が大統領官邸の門を突破している写真は有名ですね。101ページのイラストの元ネタです。

北ベトナム軍の主力戦車となったのが、100mm砲を搭載したT-54(59式戦車)です

ベトナム戦争終盤の北ベトナム軍は機甲部隊を活用するようになり、サイゴン攻略作戦でも第202機甲連隊などが活躍しました

15年前はゲリラ戦がメインの軍隊だったのが、諸兵種連合部隊を組むまでに成長したのか…

部隊総局が設立されると、機甲部隊のドクトリンの明確化と普及が進められて、より攻撃的に運用されるようになっていく。

そしてベトナム戦争全体の戦闘の様相も、初期のＮＬＦ部隊によるゲリラ戦を中心とするものから、とくに「テト攻勢」以降は北ベトナム軍の機甲部隊を含む大規模な正規戦を中心とするものへと変化していった。たとえば「イースター攻

イースター攻勢に参加した北ベトナム軍の機甲部隊（1972年）

- 第201機甲連隊
  - 第171A機甲大隊
  - 第171B機甲大隊
  - 第297機甲大隊
- 第202機甲連隊
  - 第189機甲大隊
  - 第379機甲大隊
  - 第66機械化大隊
  - 第244機械化大隊
- 第203機甲連隊
  - 第3機甲大隊
  - 第4機甲大隊
  - 第512機甲大隊
- 第10機甲学校
  - 訓練機甲大隊
  - 第177機甲大隊
- 第6機甲大隊
- 第20機甲大隊
- 第21機甲大隊
- 第195機甲大隊
- 第12独立機甲中隊
- 第510機甲対空群

1969年3月3日〜4日、北ベトナム軍の第202機甲連隊第4大隊第16中隊は、アメリカ軍のベン・ヘット特殊部隊キャンプをPT-76軽戦車10両やBTR-50装甲兵員輸送車で襲撃したが、アメリカ軍のM48戦車4両などの前に撃退された。これがベトナム戦争でのアメリカ軍と北ベトナム軍の間で行われた唯一の戦車対戦車の戦いとなった。写真はベン・ヘット近くで撃破されたPT-76

勢」では、北ベトナム軍は機甲連隊3個、独立の機甲大隊4個などを投入している（P．109の表参照）。

さらに「イースター攻勢」後の北ベトナム軍は、軍団規模の作戦を考慮して、歩兵師団3～4個、対空砲兵師団1個、砲兵旅団1個、それに機甲旅団1個などを基幹とする諸兵種連合の軍団の新編を構想。前述の第202機甲連隊は機甲大隊5個が所属する実質的には旅団規模に拡張された最初の機甲部隊となり、1973年10月に第1軍団に配属されている。

そして1975年3月10日に始まった最後の大攻勢では、その第202機甲連隊を配属された第1軍団が4月半ばにサイゴン近くに達し、機甲大隊3個を配属された第4軍団があとに続くなど、機甲部隊を含む軍団規模の諸兵種連合部隊を複数運用するようになっている。

ベトナム戦争全体を見ると、北ベトナムから南ベトナムに1965年から1975年までだけでも125万人以上といわれる人員を送り込んで、アメリカ軍の「消耗戦」戦略（前講を参照）を破綻させたことが大きい。そして「テト攻勢」では、その行きづまりをアメリカの世論に強く印象づけることができた。

当時、北ベトナムの労働党は、農地の共有に基づく共同労働体制の構築を進めており、青年男子の動員余力が増大して、このように多数の人員が補充可能になった。北ベトナムの農民は、アメリカ軍の「北爆」による爆弾が頭上に降り注ぐ中で、ベトナム戦争の勝利のために、労働党が推進する共同労働体制の構築と青年男子の大量動員を受け入れたのだ。

1975年4月30日、サイゴンの大統領官邸(独立宮殿)に突入し、T-54の前で国旗を掲げる北ベトナム軍の戦車兵たちだね

まとめ

■南ベトナム軍の機甲部隊の戦術

各軍団戦術地帯(CTZ)に機甲旅団司令部を編成し、M41軽戦車やM113APCなどを装備する機甲騎兵部隊を攻撃任務に積極的に投入。さらにM48中戦車を装備する戦車連隊を3個編成して、I～ⅢCTZに1個ずつ配備した。

これらの機甲部隊は、条件に恵まれれば活躍したが、不利な状況では大きな損害を出した。また、アメリカからの支援の減少とともに戦力を維持できなくなり、とくに戦争末期には物資の不足もあって多数の車両を喪失している。

■北ベトナム軍の機甲部隊の戦術と戦略

北ベトナム軍は、まず中国やソ連の援助でソ連製の戦車などを装備する機甲部隊を編成すると、1971年以降に機甲部隊を急速に増強。1975年の最後の大攻勢では最大で旅団規模の機甲部隊を含む軍団規模の諸兵種連合部隊を複数運用するようになった。

戦略レベルでは、大量の人員を南ベトナムに送り込み、アメリカ軍の「消耗戦」戦略は破綻。

北ベトナム軍はNLF部隊とともに、アメリカの後ろ盾を失った南ベトナム軍を崩壊に追い込んで、ベトナム戦争で勝利を得た。

日直
ヒルダ
ペク

ホーチミン・ルートで泥濘にはまり、工兵たちの手を借りて脱出を試みている北ベトナム軍のT-54中戦車

第四講 イラン・イラク戦争

1960年台から70年台後半まで
イランの人口はイラクの3倍多くで、軍事力も米英と仲がよかったパフレヴィー朝のイランの方が近代兵器を揃えてて強大だったの
王政↓
イギリス↓
アメリカ
カスピ海
イラク
イラン
イラク↓
ソ連↙
対してソ連はイラクを援助してたよ
でも1978年にイランで革命勃発！
王政からイスラム共和制に激変。イラン軍の上層部は粛清されて、米英からの輸入兵器も部品の調達が難しくなって、軍事的には弱体化しました
レボリューション
ホメイニ師でーす
チャーンス
それを見たフセイン大統領は、イラン南西の一大産油地、フーゼスターン州を手に入れるために進攻！
1980年9月にイラク軍は進攻を開始しますが、イラン軍も必死に抵抗して膠着状態に
ぐぎぎぎ…
1981年1月のイラン軍の反転攻勢の中で、この戦争で最大の戦車戦となった「ナスル作戦」について紹介していきます
1981年1月、開戦から3カ月間、イラク軍の攻撃を耐えたイラン軍は反攻を開始
ズズズズ
1月5日からフーゼスターン州のイラク軍を撃退し、ホラム・シャハルの解放を目指す「ナスル」作戦（ホヴェイゼ作戦）が開始された

ドロドロドロ…
イラン軍の主力はチーフテンを擁するイラン最精鋭の第16機甲師団の2個旅団と第92機甲師団の1個旅団
我が機甲師団がイラク戦車を蹴散らし、ホラム・シャハルまで突進する！
イラン第16機甲師団
師団長 サイラス・ロトフィ准将
イラン軍3個機甲旅団と1個空挺旅団のうち、機甲部隊主力はアフワーズ西方の湿地帯を通る道を縦隊で進撃する
第16機甲師団
第3旅団
ホヴェイゼ
湿地帯
ミディイ
第16機甲師団
第1旅団
第10機甲旅団
カルケー川
第9機甲師団
第43機甲旅団
アフメダーバード
第9機甲師団
第14機械化旅団
アフワーズ
湿地帯
周辺は数日前まで雨が降り続き、地面はぬかるんでいた
ヴロオォ…！
その車列をイラク軍の偵察機が発見
報告を受けたイラク第9機甲師団の2個旅団、ならびに第10機甲旅団が迎撃の準備を進める
来たなイラン人め
作戦通り配置につけ！

イラク第9機甲師団の戦車隊は、
湿地帯に掘られた戦車壕からハルダウン状態でイラン軍の戦車隊を待ち伏せた
えっ 軽くてすばしっこいはずのT-62やT-55であえて足を止めて撃ち合うの？
クルスクのソ連第1戦車軍みたいね…
1月6日午前8時
イラン軍車列
今だ！
各個に射撃！

クソッ 待ち伏せだ！
道路から展開して応戦しろ！
装甲はチーフテンが上だ！

しかし湿地帯で
思うように
身動きが
取れない中でも、
イラン軍の
チーフテンは
重装甲で
T-62の砲弾を
はじき返し
あわてるな
撃て！

ドムォォン

ドガガ
奴らの戦車は戦車壕に
隠れて動かない！
落ち着いて命中
させれば勝てるぞ！

ヒュン
さらにイラン軍の
AH-1Jコブラも
戦場に到着
TOW対戦車
ミサイルで
ソ連製戦車を
撃破して
いく――
ボウッ
ビビビン

トォオオオオ!
クソッ、遠距離砲戦はあっちに分がある!
壕を出て肉薄するぞ!
接近戦に持ち込むT-62。T-62は41トンと軽量で、
湿地帯でもチーフテンほど動きが鈍くならない
このっちょこまかと——
!?
ドガッ

またせたな!
T-72を装備する第10機甲旅団が戦場に到着
125㎜APFSDSでチーフテンを撃破していく!

さらにイラク歩兵も対戦車ミサイルで攻撃を開始
バシュウ

ズズズ
多数の戦車を撃破されたイラン機甲部隊は
ついに損害に耐えきれなくなり、後退していった…

こうしてイラン軍は戦車214両、他の装甲車両およそ100両を喪失、2個機甲旅団が壊滅して撤退
ちくしょー
あっぶれー
イラン
イラク

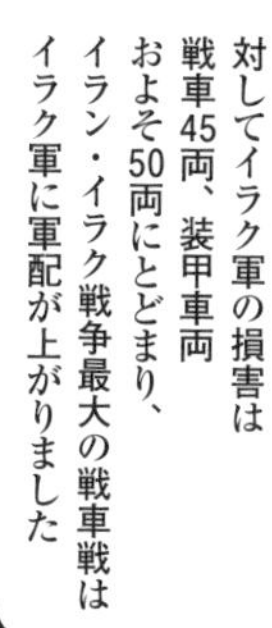
対してイラク軍の損害は戦車45両、装甲車両およそ50両にとどまり、イラン・イラク戦争最大の戦車戦はイラク軍に軍配が上がりました

敵からバレバレの湿地帯の中の一本道に鈍重な重戦車で突っ込んだら そりゃ負けるよね…
そんなイラン・イラク戦争の概要は 次のページからよ！
やっぱり革命を経てイラン軍の指揮官や戦車兵の能力が下がってたみたいデス…

第四講　イラン・イラク戦争

今回は舞台を中東に移して、イラン・イラク戦争を取り上げるわ。

ペルシア帝国があったイラン、バビロニア帝国があったイラクと、世界史的にはどちらもレジェンド枠です。

第二次世界大戦後、領土問題で長年揉めていた両国は、イランのほうが国力でイラクを上回っていたけど、1979年のイラン革命でイラン軍が弱体化したのよ。

それを見たフセイン大統領は、今だ！と考えて、1980年9月にイラン領内への進攻を開始したんだね。

か、火事場ドロボー…。

主な目標は、以前からイラクが領有権を主張していた、南部のフーゼスターン州の占領だよ。

奇襲攻撃を受けたイラン軍は、革命で弱体化していたこともあって、最初は後退します。

イラク軍は国境の町ホラム・シャハルを占領したけど、おおきな製油所のあるアバダンや大都市のデズフールはイラン軍が死守したの。

1980年11月にはイラク軍の攻撃は止まって、1981年の年明けからはイラン軍が反撃を開始。春からは国軍とは別組織の「革命防衛隊」も投入されて、戦線を押し戻していったのよ。

彼らは「死ねば天国に行ける」と聞かされてるから、地雷原とかにも怖いものなしで突っ込んでくる、とかいわれていたのよね…。

さらに1982年5月には、イラン軍がホラム・シャハルを奪回。7月には「ラマダン」作戦でイラク第2の都市バスラを狙うけど、今度はイラク軍が死守したの。

その後も1983年から86年まで、イラン軍は数度の「ヴァル・ファジュル（暁）」作戦など人海戦術で攻勢をかけたのね。

「ヴァル・ファジュル」って、伝説の剣の名前とかでありそうなカッチョ良さデス…！

…そしてイラン軍は86年6月からの「カルバラ」作戦で、バスラの攻略をまた狙ったんだけど…。

イラク軍はソ連に援助された砲兵部隊を中心に、人海戦術のイラン軍を完膚なきまでに撃退。イラン軍は大損害を受けて攻勢を中止します。

で、イラン軍がバグダッドに弾道ミサイル「スカッド」を撃ち込むと、イラク軍も「アル・フセイン」をテヘランに撃ち返し…。

イラクは毒ガス弾頭も使ったため、ついにイランのホメイニ師も折れて、88年8月に停戦となったわ。

しかし、ダラダラ続いて理不尽な消耗も多い戦争だったわね…。

ああ、だからイライラする戦争、**イライラ戦争**っていうんだ！

…ツッコミたいところだけど、ひどい人海戦術を見てると、ある意味真理を突いてるかも…。

一時間目 イラン・イラク戦争

イラン革命とイラン軍の弱体化

イランとイラクは、両国の重要な石油積出港に面しているシャト・アル・アラブ河の国境問題で、長年にわたって対立を続けていた。しかし、1975年6月には、イランの軍事的な優位を背景に、北部のクルド人問題の解決などを優先するイラクの譲歩により、両国間で「アルジェ協定」が結ばれて、この問題は一旦解決することになった。

1975年のアルジェ協定締結時に撮られた写真。左からイランの国王パフレヴィー2世、アルジェリアのウアリ・ブーメディエン大統領、イラクのサダム・フセイン大統領

イラン・イラクの国境問題

イラン、イラク共に国内に多数のクルド人を抱えていて、イランはイラク領内のクルド人勢力に武器を送って援助していたのよ…。

ジェニたんは「雑種」とかいいそうな格好デス…。

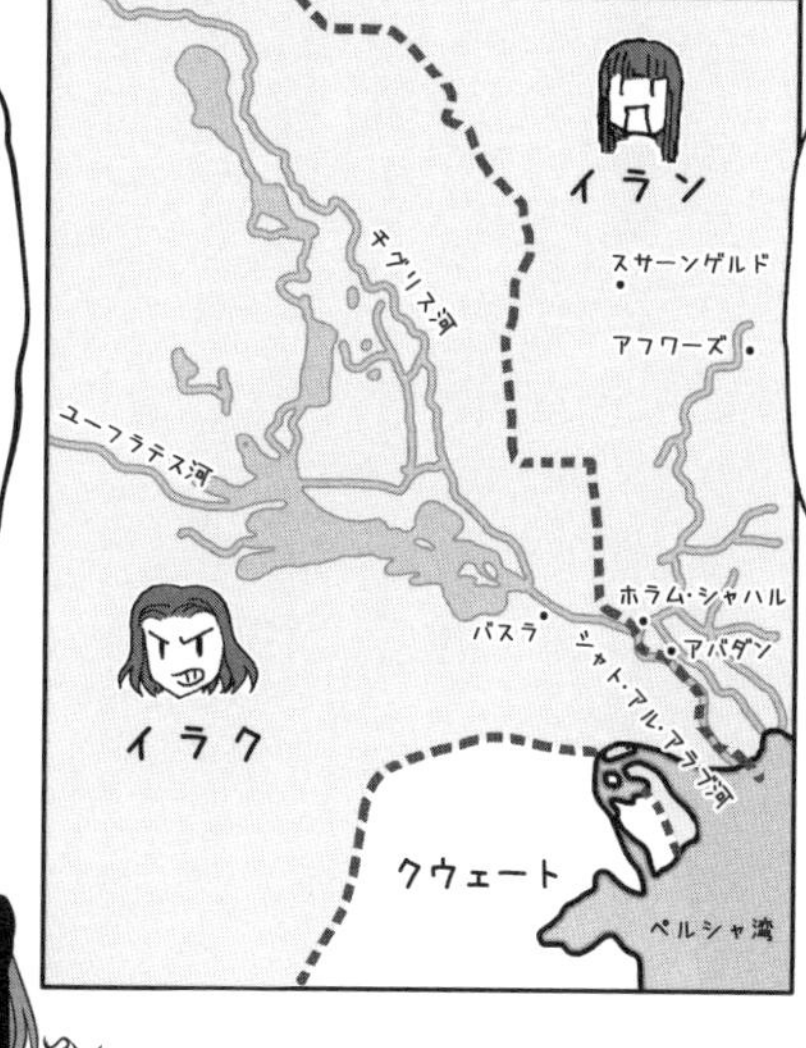

イラン革命を経てイラン軍が弱体化

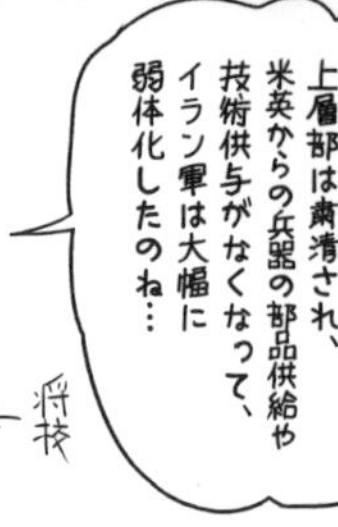

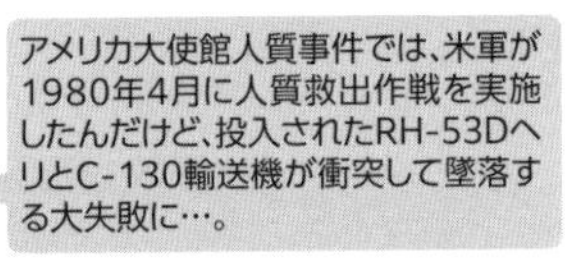

その後、イランでは、1978年初め頃から保守的なイスラム教勢力を中心とする反政府運動が激しくなり、1979年1月には国王のパフレヴィー2世（日本ではパーレビ国王として知られている）が国外に脱出。翌2月には反政府運動の指導者であるイスラム法学者のルーホッラー・ホメイニが亡命先のフランスからイランに帰国し、同年4月には新たにイラン・イスラム共和国が成立してホメイニが最高指導者となった。これがイラン革命だ。

革命後のイラン軍では、陸軍やとくに空軍の将官を含む指揮官クラスを中心に大規模な粛清が行なわれて、弱体化が進んでいった。また、アメリカ大使館人質事件などによる米英との関係悪化により、米英製の主要兵器の部品供給や技術協力などが打ち切られることになる。

一方、イラクのサダム・フセイン大統領は、軍備の増強を進めており、イランの軍事力が革命によって大幅に低下すると、1980年9月17日に前述の「アルジェ協定」の破棄を一方的に宣言。次いで同月22日に、まずイラク空軍の航空部隊がイラン各地の空軍基地を攻撃し、続いてイラク陸軍の地上部隊がイランとの国境線を越えて進撃を開始。こうしてイラン・イラク戦争が始まった。

イラク、イラン領内に進攻開始

イラク軍の攻勢その1

イラクはアラブ系の住民が多かったフーゼスターンを、以前から「アラベスタン」と呼んで、併合しようとしてたんだな。

フセイン大統領は、イラン革命に不満を持つ勢力が反乱を起こしたり、国境近くのシーア派アラブ人が味方になるのでは？と思ってたようですが、そんなにうまくはいかず…。

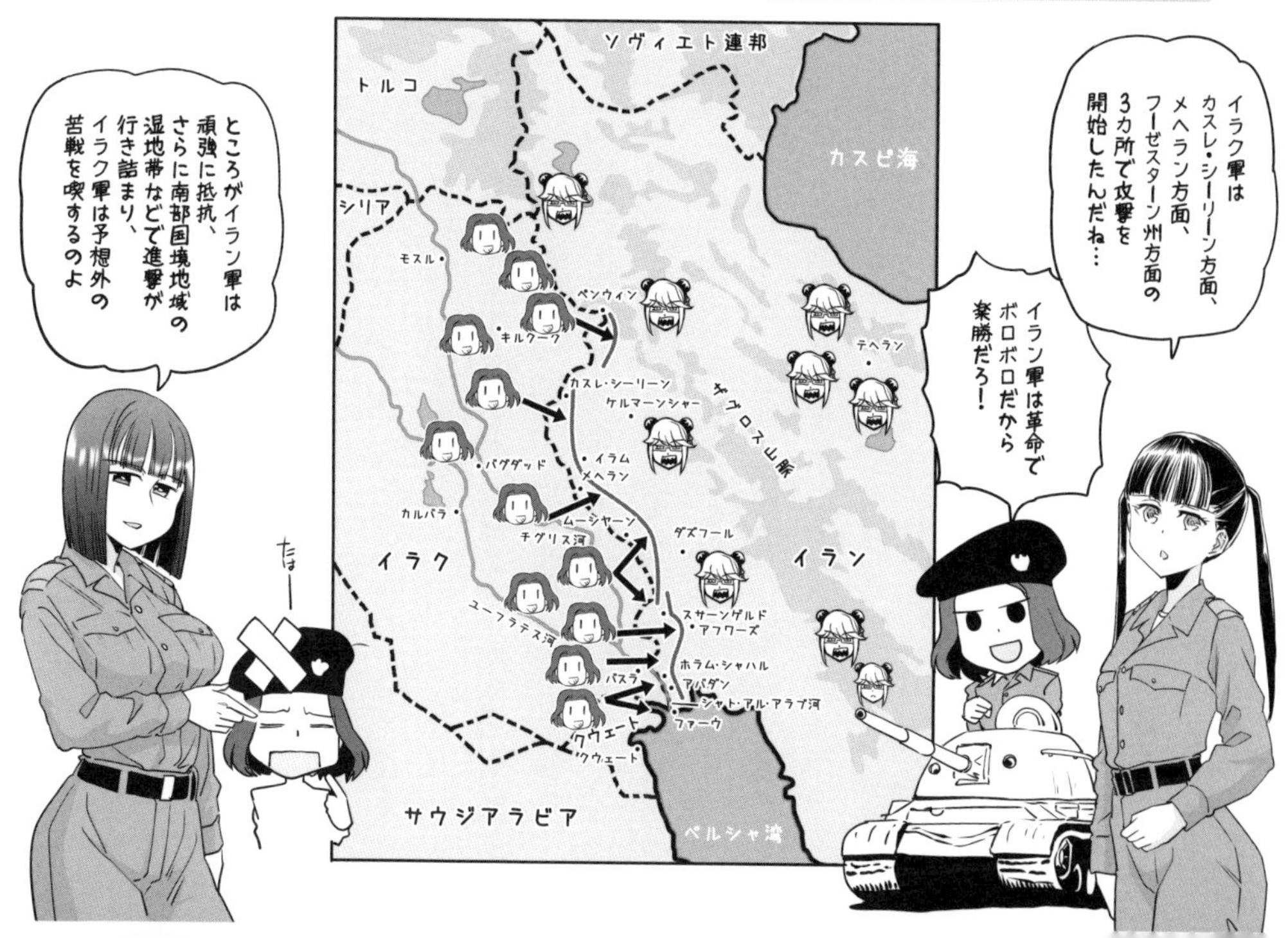

改編劈頭のイラク空軍の空爆で破壊された、イラン軍のC-47スカイトレイン輸送機

瓦礫と化したホラム・シャハル市街でイラク軍を迎撃するイラン兵たち

イラク軍の攻勢

開戦初頭、イラク軍の地上部隊は、中部のバーフタラーン（ケルマーンシャー）州のカスレ・シーリーン方面と同中南部のイラム州のメヘラン方面を助攻として、そして南部のフーゼスターン州方面を主攻として、あわせて3方面で攻勢に出た。

このうち中部のカスレ・シーリーン方面は、イラクの首都バグダッドの南東およそ180㎞付近で、「アルジェ協定」ではイラクへの返還が予定されていた。またメヘラン方面は、シャト・アル・アラブ河右岸の重要な港湾都市であるバスラとバグダットを結ぶ街道に近い。イラク軍は、これら両方面に歩兵師団各1個を主力として投入し、カスレ・シーリーン方面では約40㎞、メヘラン方面では約10㎞、それぞれ前進すると防御陣地の構築を始めた。

一方、主攻方面である南部のフーゼスターン州では、機甲師団2個、機械化師団2個などを投入。交通の要衝であるデズフール、州都のアフワーズ、シャト・アル・アラブ河左岸の重要な港湾都市であるホラム・シャハルやアバダンに向かった。

対するイラン軍は、奇襲のショックから立ち直ると、戦車を土中に埋めてトーチカとし、ホラム・シャハル付近を流れるカールン川を氾濫させるなどして、イラク軍の進撃を阻止しようとした。

それでもイラク軍は、地上兵力の優位を生かして進撃を続けると、9月27日にはアフワーズを包囲。9月29日には、イラクのフセイン大統領が「イラクの権利が守られるのであれば停戦に応じる」として10月5日から4日間にわたる一方的な停戦を宣言し、イランに停戦交渉を迫った。

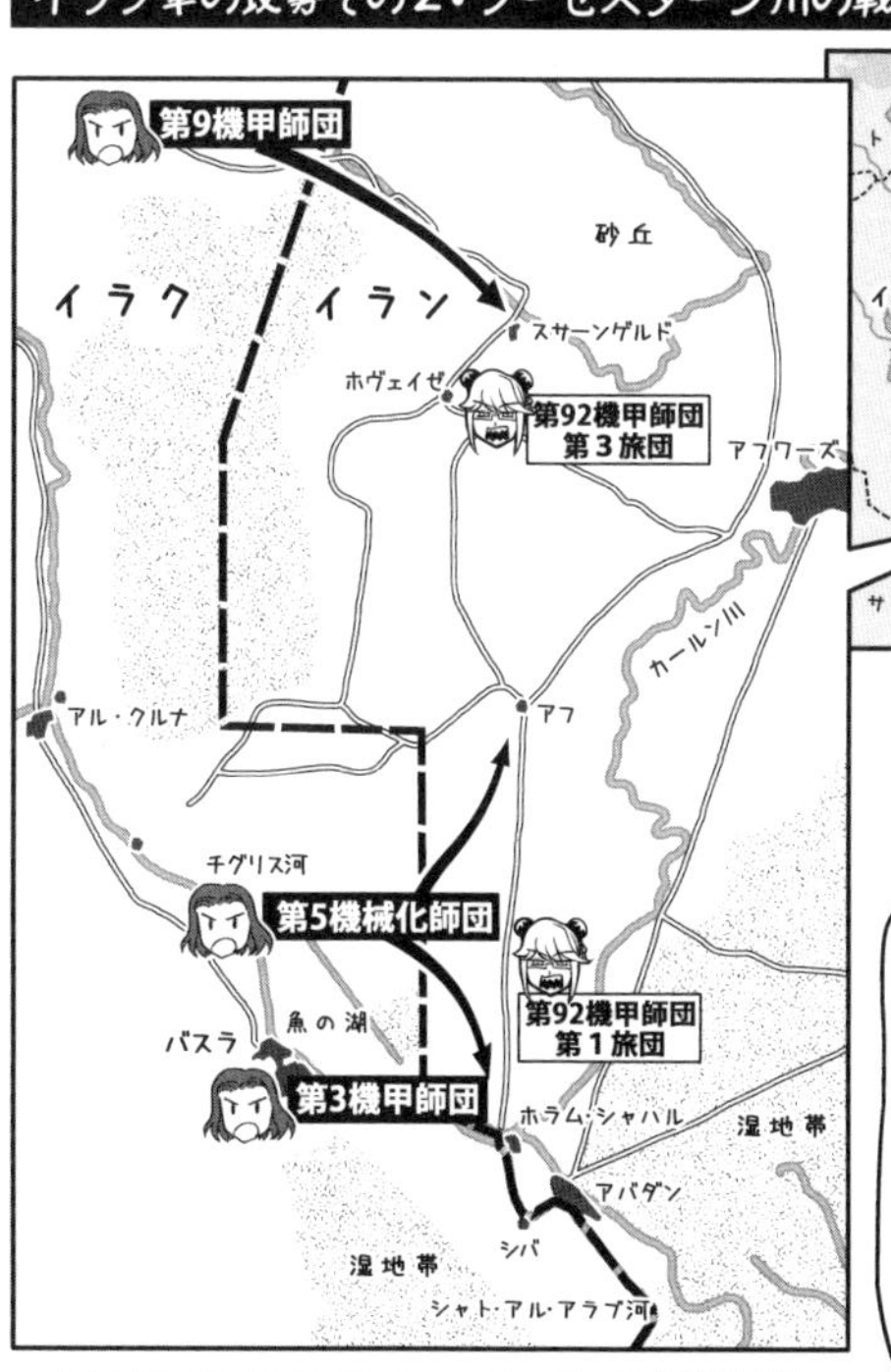

だが、イラン政府はこれに乗らず、国民に徹底抗戦を呼びかけて、革命後の混乱が続く国内の引き締めにも利用した。

結局、開戦後のおよそ2カ月間で、イラク軍は、中部ではカスレ・シーリーン、中南部ではメヘラン、南部ではホラム・シャハルなどを確保したが、イラン軍の頑強な抵抗もあってデズフールやアバダンは確保できなかった。フセイン大統領は、限定的な進攻を短期間で成功させてイランと早期に停戦交渉に入ることを狙っており、ホメイニ師の失脚や軍部あるいは反ホメイニ派によるクーデターも期待していたようだが、いずれも実現しなかったのだ。

イラン軍の反撃

イラン軍は、1981年1月5日からアボルハサン・バニサドル大統領の陣頭指揮により、南部のアフワーズ方面を皮切りに、中部のギラン・ガルブ方面、南部のアバダン方面やデズフール方面などで大規模な反撃を開始した。とくに主攻方面である南部には、機甲師団1個、歩兵師団2個と革命防衛隊の計3万名ほどを投入し、アフワーズやアバダンで大きな戦果をあげたと主張している。

対するイラク軍は、南部で一時的にパニック状態におち

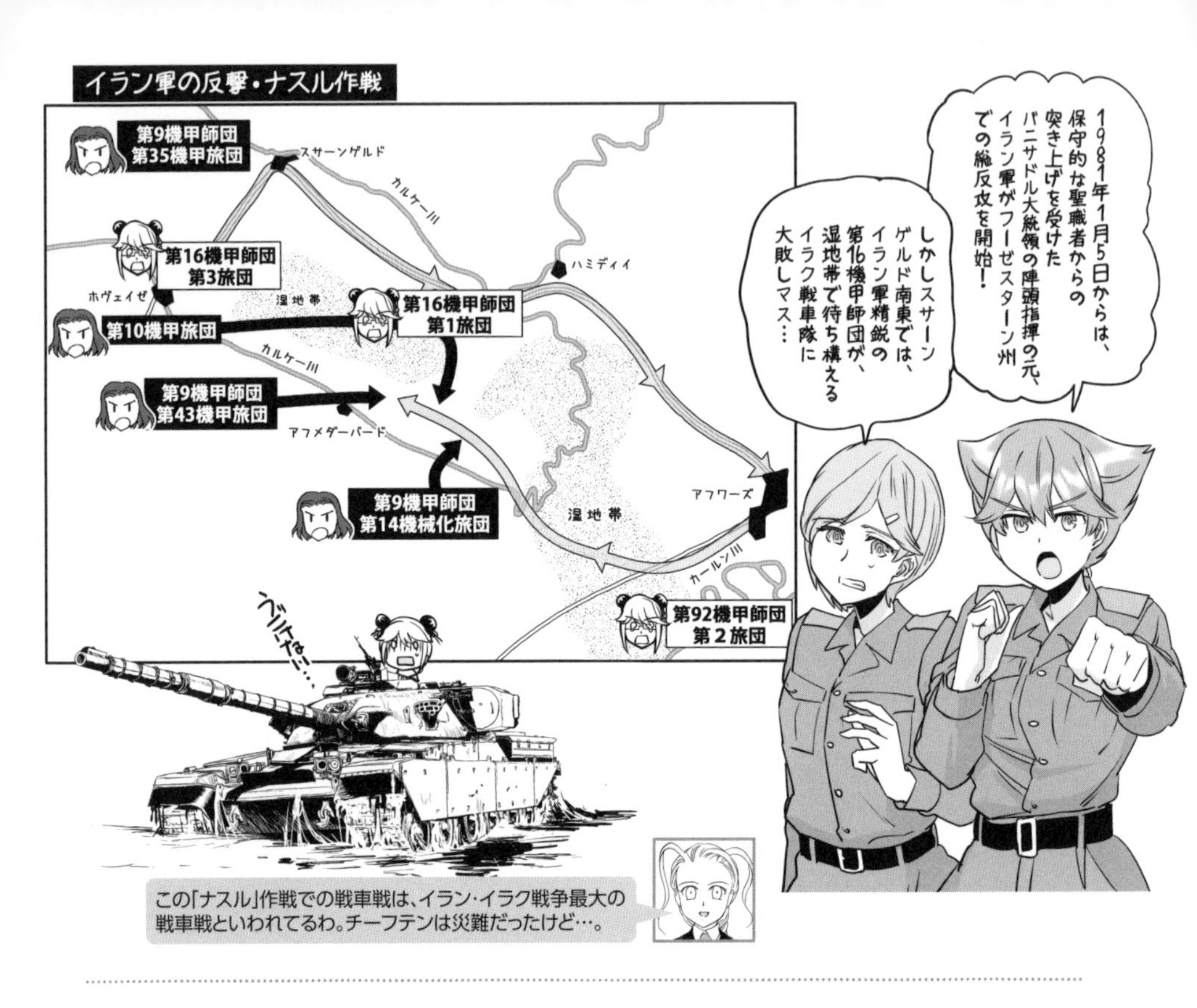

いったが、3日目には機甲師団1個の増援を受けて立ち直ると、攻撃ヘリコプターや空軍機による対地攻撃も行なってイラン軍を撃退。この頃から雨季が本格化し、戦線は一旦膠着状態となった。

雨季明け後、イラン軍は、正規軍に加えて少年や老人を含むイスラム革命防衛隊を大規模に投入し、まず1981年3月22日から南部のデズフール方面で、次いで同年4月22日から中部のカスレ・シーリーン南方で、それぞれ攻勢を開始。イラク軍は、地雷原も踏み越えて無謀とも思える突撃を繰り返す革命防衛隊の大群に押されて、多大な損害を出した。

勢いに乗るイラン軍は、1981年9月27日からの「サーメノル・アエンメ」作戦でイラク軍に包囲されていたアバダンとの連絡路を打通し、同年11月29日に始まった「タリーゴル・コッズ」作戦でアフワーズ北西のスサーンゲルドを奪回。次いで1982年3月22日から「ファトホル・モビーン」作戦では、およそ10万名を投入してデズフール周辺などの広大な地域を奪回した。さらに同年4月24日に始まった「ベイトル・モカッダス」作戦では、激戦の末に5月24日にホラム・シャハルを奪回するなど、南部のイラク軍を国境近くまで押し返した。

このイラン・イラク戦争とは別に、イスラエルは、同1982年6月6日に地上部隊をレバノンに進攻させた（『萌え

雨季が明けて81年3月からは、イラン側が練度は低いものの宗教的情熱に燃える革命防衛隊を大々的に投入…

少年や老人を含む革命防衛隊は、地雷原をも物ともしない突撃でイラク軍を押しまくっていくのね…

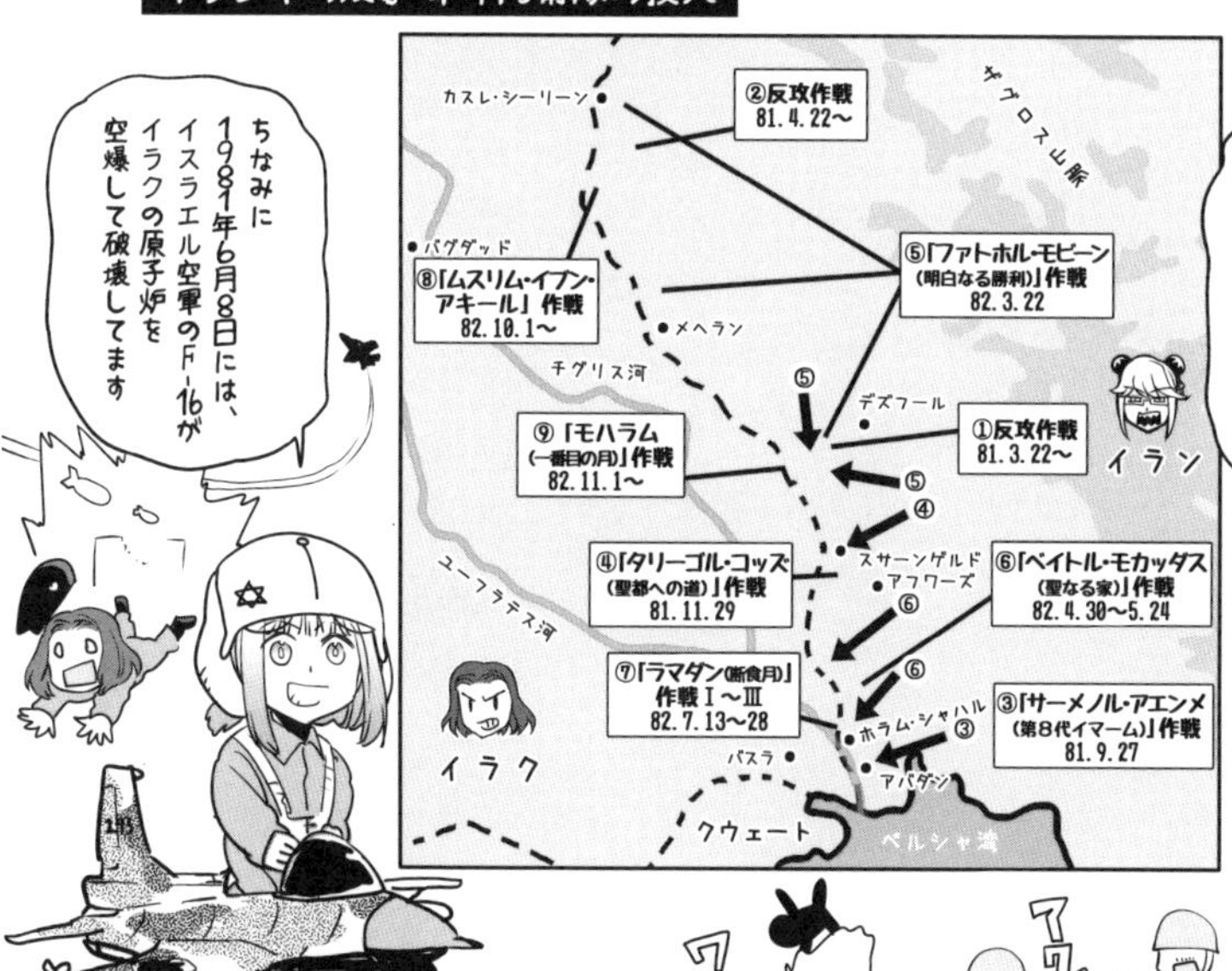

イスラエルから見ると、イラクの原子炉は原爆開発用だから、アメリカとか関係なく爆撃したんだよね…。

アメリカにとっては、イラクは「敵(イラン)の敵」だから、戦争が始まるとイラクを支援したのよ。

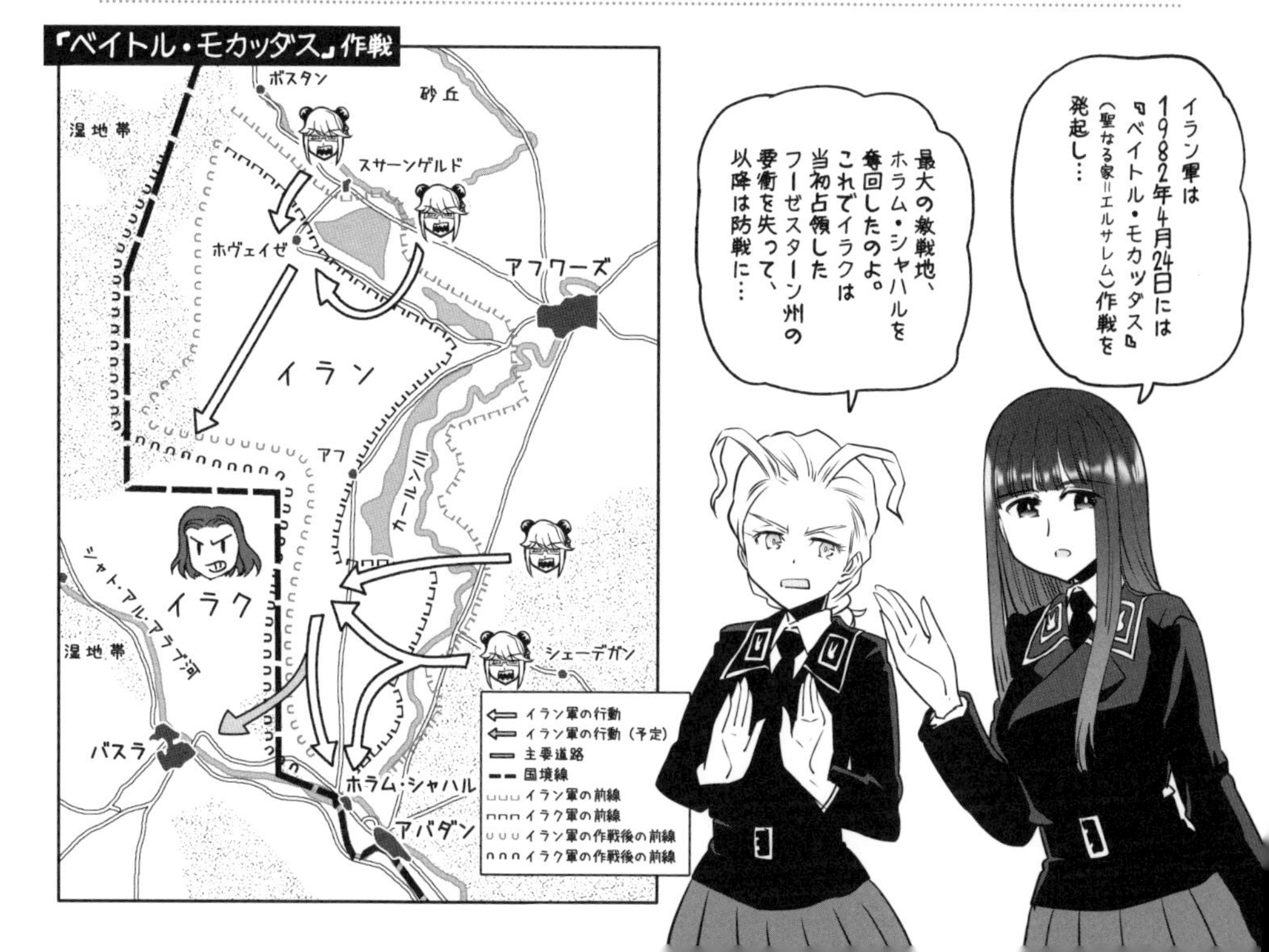

「ラマダン」作戦

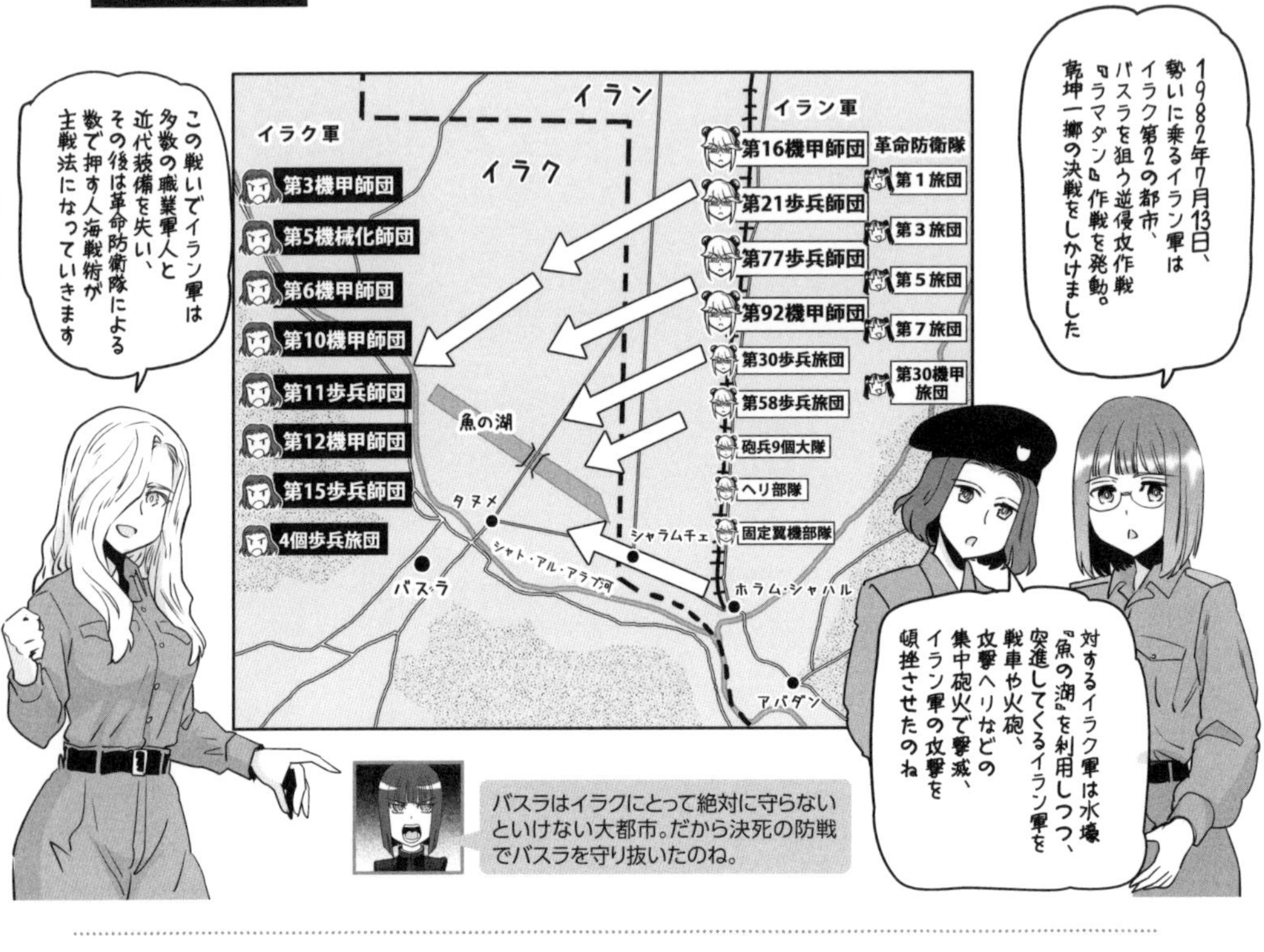

よ！戦車学校』戦後編Ⅳ型第八講を参照）。そしてアラブ諸国では「反イスラエルで連帯すべき」という意見が強くなっていく中で、イラクは、イラン領内の全占領地からの撤退と停戦を提案した。

だが、イランのホメイニ師は、賠償金や戦争犯罪人の認定などを求めてイラクの提案を拒否。するとイラクは、国連で安全保障理事会の開催を要請し、7月12日には安保理で即時停戦などの決議案が採択された。

これに対してイランは、翌13日にミルホセイン・ムサヴィ首相が国連決議の無視を明言し、同日にイラン軍はおよそ10万名を投入してバスラの攻略を目指す「ラマダン」（ラマダンⅠ～Ⅲに分けられる）作戦を開始。バスラ北東のイラク領内のマジヌーン島で激戦となったが、イラク軍はこの国土防衛戦でイラン軍をなんとか撃退した。

ホラム・シャハルで戦う、イラン海兵隊のコマンドー部隊

イランによる消耗戦「ヴァル・ファジュル」作戦

緒戦はイラク軍が攻勢に出ていたイラン・イラク戦争ですが、完全に攻守が逆転していますね。とはいえ、攻撃するイラン軍も大損害を出していますが…。

消耗戦とイラク軍の反撃

その後、イラン軍は、10月1日から中部で「ムスリム・イブン・アキール」作戦、11月1日から南部で「モハラム」作戦、1983年2月6日から1986年2月27日にかけての第1次から第9次におよぶ「ヴァル・ファジュル」作戦など、各方面で攻勢を実施。革命防衛隊による人海戦術でイラク軍に消耗戦を強要した。

さらにイラン軍は、1986年6月30日からバスラ方面を皮切りに「カルバラ」1～10号作戦を実施したが、イラク軍に決定的な打撃を与えることはできなかった。それどころかイラン軍も大きく消耗し、地上戦は「カルバラ」8号作戦の頃からイラク軍の優位へと傾いていった。

加えてイラクは、1987年8月にソ連製で射程300㎞の短距離弾道ミサイルR‐17（NATOコードネーム「スカッドB」）に改良を加えて射程を650㎞に延長した「アル・フセイン」の開発を発表。イラン軍が1988年2月29日にバグダッドに対してミサイル（こちらも「スカッドB」と思われる）2発を撃ち込むと、イラク軍は「アル・フセイン」を中心に約190発の短距離弾道ミサイルを発射して報復し、イランの首都テヘランに130発余りが着弾した。さらにイラク軍は、6月25日には化学兵器（要するに毒ガス）弾頭を搭載した

「カルバラ」5号作戦

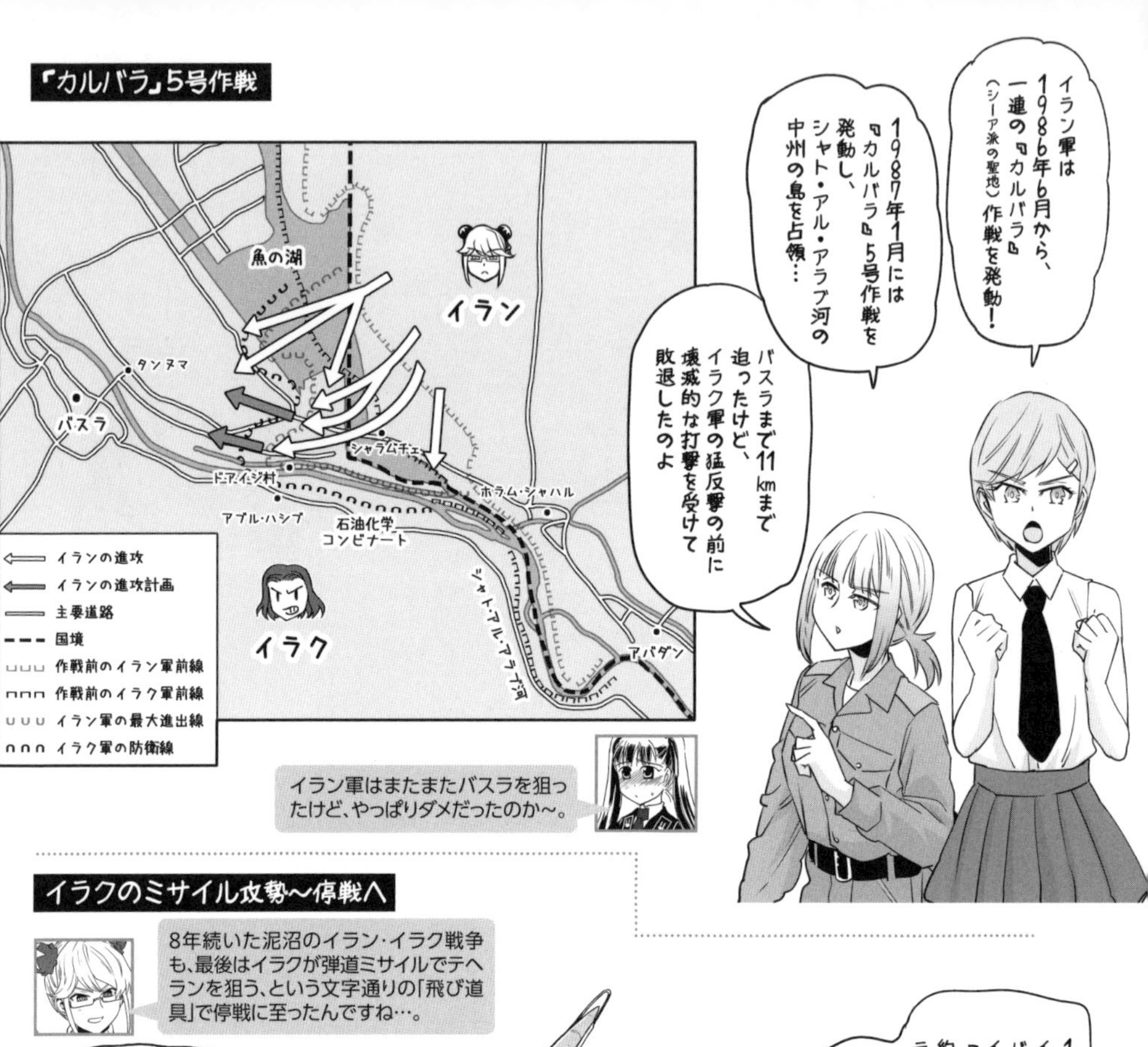

イラン軍はまたまたバスラを狙ったけど、やっぱりダメだったのか～。

イラクのミサイル攻勢～停戦へ

8年続いた泥沼のイラン・イラク戦争も、最後はイラクが弾道ミサイルでテヘランを狙う、という文字通りの「飛び道具」で停戦に至ったんですね…。

1988年2月、イランが『スカッドB』2発をバグダッドに撃ち込むと、イラクも5月までに『アル・フセイン』など約190発を発射してテヘランなどを攻撃したのよ！

アフワーズに撃ち込まれたミサイルには毒ガスも…

こうして1988年7月、イランのホメイニ師が国連決議を受け入れて停戦。痛み分けの形でイラン・イラク戦争は終結しました…

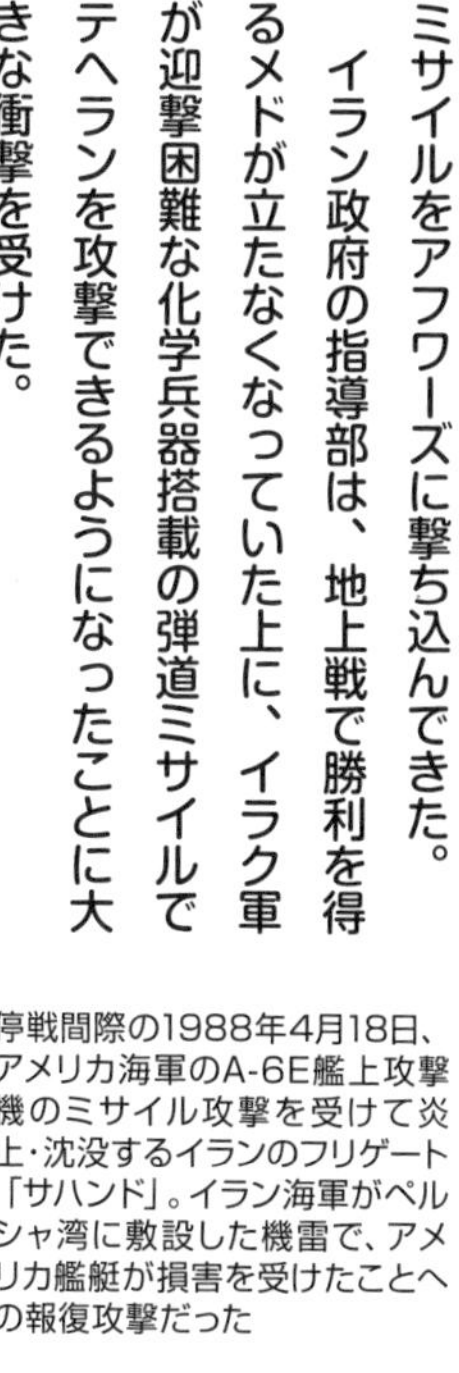

ミサイルをアフワーズに撃ち込んできた。
　イラン政府の指導部は、地上戦で勝利を得るメドが立たなくなっていた上に、イラク軍が迎撃困難な化学兵器搭載の弾道ミサイルでテヘランを攻撃できるようになったことに大きな衝撃を受けた。
　そして1988年7月20日、イランの最高指導者であるホメイニ師は、国営放送を通じて国連の停戦決議の受け入れを宣言。同年8月8日午前3時（国際標準時）に停戦が発効して、およそ8年間にわたるイラン・イラク戦争はようやく終わりを告げた。

停戦間際の1988年4月18日、アメリカ海軍のA-6E艦上攻撃機のミサイル攻撃を受けて炎上・沈没するイランのフリゲート「サハンド」。イラン海軍がペルシャ湾に敷設した機雷で、アメリカ艦艇が損害を受けたことへの報復攻撃だった

二時間目　イラク軍とイラン軍のおもな部隊の編制と戦術

イラク軍の編制と戦術

当時のイラク軍やとくにイラン軍に関してはとくに不明瞭な点が多く、かなりの推定を含んでいることをご了承いただきたい。

　まずイラク軍だが、開戦時の総兵力は、およそ24万名でイラン軍とほぼ同数だった。ただし、空軍やとくに海軍の兵力はイラン軍よりも小さく、陸軍兵力はおよそ20万名でイラン軍をやや上回っていた。また、これらの正規軍に加えて、イラクの政権党であるバース党が管轄する準軍事組織といえる人民軍が7万5000名ほどいた。

　開戦時点での陸軍には、軍団司令部3個、機甲師団4個、機械化師団2個、歩兵師団5個などがあり、歩兵師団のうち1個を機械化師団に改編中だったと見られている。師団の編制を見ると、機甲師団は機甲旅団2個と機械化旅団1個を、機械化師団は機甲旅団1個と機械化旅団2個を、それぞれ主力としており、いずれも砲兵連隊、機甲偵察大隊、コマンド中隊、工兵大隊などが所属していた。また歩兵師団は、歩兵旅団2個と機械化旅団または歩兵旅

イラク軍歩兵師団の編制（1980年）

- 師団司令部および司令部中隊
  - 歩兵旅団 ×2
  - 機械化旅団
  - 機械化大隊 ×2
  - 機甲偵察中隊
  - 砲兵連隊
    - 砲兵大隊 ×3
    - 重迫撃砲大隊
    - 対空大隊
  - 対戦車ミサイル中隊
  - コマンド中隊 ×6
  - 工兵大隊
  - 施設中隊
  - 化学中隊
  - 輸送中隊
  - その他の諸隊

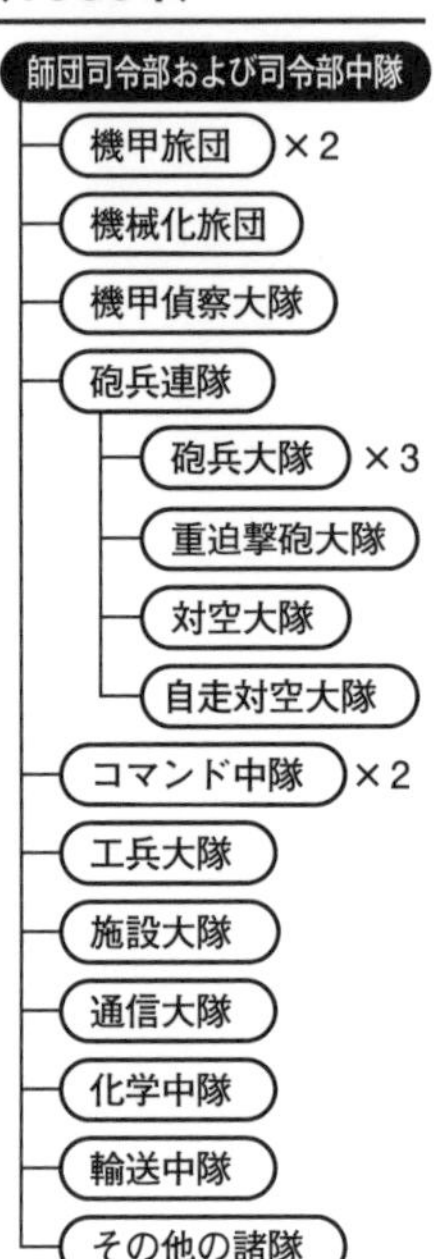

イラク軍地上部隊の戦闘序列（1980年9月）

- 第1軍団
  - 第12機甲師団
  - 第2歩兵師団
  - 第4歩兵師団
  - 第7歩兵師団
  - 第8歩兵師団
  - 第11歩兵師団
  - 第31コマンド旅団
  - 第32コマンド旅団
  - 第95予備旅団
  - 第97予備旅団
- 第2軍団
  - 第3機甲師団
  - 第6機甲師団
  - 第10機甲師団
  - 共和国防衛旅団
  - 第10機甲旅団
  - 第17コマンド旅団
  - 第90予備旅団
  - 第93予備旅団
  - 第94予備旅団
  - 第96予備旅団
- 第3軍団
  - 第9機甲師団
  - 第1機械化師団
  - 第5機械化師団
  - 第33コマンド旅団
  - 第91予備旅団
  - 第92予備旅団
  - 第98予備旅団
- 第30歩兵師団
- 国境警備隊
- 人民軍、共和国防衛隊など

主要部隊のみ。予備旅団は基幹のみ。

1980年のホラム・シャハルの戦いで遺棄された、イラク軍のBTR-50装甲兵員輸送車

イラク軍の新鋭戦車T-72

自動装填装置、125mm滑腔砲装備の新鋭、T-72が50両配備されてたのよ!
両軍通じて最新最強の戦車で、これが初めての実戦でした。重装甲のチーフテンをも圧倒したといわれています

イラク軍の主力戦車T-62

主力戦車は東側の軍隊でおなじみのT-62ね
重量も軽く、湿地帯では重量級のイラン戦車より機敏に動けたようです
重量は37トンで115mm滑腔砲を搭載した、東側第2世代戦車の代表選手だね。

団1個を主力としており、砲兵連隊、機甲偵察中隊、コマンド中隊、工兵大隊などが所属していた。

イラク陸軍の主要装備は、ソ連で開発されたものが中心で、新型のT－72主力戦車を50両、T－62中戦車を1000両、T－54／55中戦車を1000～1500両、旧型のT－34－85戦車を100両、水陸両用のPT－76浮航戦車を100両、加えてフランス製のAMX－13軽戦車を100両ほど保有していた、とされている。

イラク軍の戦術については、たとえば開戦初頭の主攻方面である南部では、第1梯隊として機甲師団2個、第2梯隊として機械化師団2個を投入したと見られており、ソ連軍のいわゆる「梯団攻撃」の影

ホラム・シャハル周辺に放置されているイラク軍のT-62の残骸（Ph/Hamed Saber）

響が感じられる。また、防御陣地の構成も、のちの湾岸戦争の際に日本でも知られるようになった、いわゆる「三角陣地」と呼ばれるもので、こちらもソ連軍の影響が強く感じられる。

イラン軍の編制と戦術

イラン軍の革命前の総兵力はおよそ40万名だったが、革命時に半数近い将兵が離散したといわれている。

開戦時点でのイラン陸軍の兵力は約15万名と見られており、機甲師団3個、歩兵師団3個、独立の機甲旅団1個、歩兵旅団1個、空挺旅団1個、コマンド旅団1個などがあったとされている。

師団の本来の編制を見ると、機甲師団は、機甲旅団3個を基幹としており、師団全体で戦車大隊7個、機械化歩兵大隊5個、砲兵大隊（155㎜および203㎜自走榴弾砲）2個、高射大隊2個、機甲偵察大隊1個などが所属することになっていた。また、歩兵師団は、歩兵旅団3個を基幹としており、師団全体で歩兵大隊10個、戦車大隊3個、砲兵大隊（牽引式105㎜榴弾砲および155㎜榴弾砲、203㎜自走榴弾砲）4個、高射大隊1個、機甲偵察大隊1個などが所属することになっていた。

旅団の本来の編制を見ると、独立の機甲旅団は、戦車大隊3個、歩兵大隊1個を基幹として、迫撃砲中隊1個、高射中隊1個、機甲偵察中隊1個などが所属することになっていた。また、独立の歩

イラン軍のチーフテン

イラン軍の主力戦車の一つは、120㎜ライフル砲と重装甲を備えたチーフテンのMk・3/3PとMk・5Pよ！
55トンと重量級で故障が多く、湿地帯や砂漠で回収もできずに放置されることが多かったみたいデス…
「チーフテン」はスコットランドのハイランダーなどの族長、という意味よ。

兵旅団は、歩兵大隊5個を基幹として、戦車、砲兵、高射大隊各1個、迫撃砲中隊1個、偵察中隊1個などが所属することになっていた。

だが、革命後のイラン陸軍では、各部隊の充足率が大幅に低下し、完全な編制をとれなくなっていた。そのためもあってか、開戦時点でのとくに各師団の編制は、資料によってバラつきが非常に大きくハッキリしない。

イラン軍の主要装備は、空軍や海軍も含めて、革命前に導入されたアメリカ製やイギリス製の兵器が多かった。陸軍の戦車は、イギリス製のチーフテン主力戦車がおよそ88

砂丘地帯でハルダウンの体勢をとるイラン軍のチーフテン

イラン軍のパットン戦車

イラン軍は、M48やM60主力戦車も持ってたんだね。アメリカのフレンズの軍でおなじみの面々だ～
パフレヴィー2世の時はアメリカと仲良かったから…

0両、スコーピオン軽戦車が250両、アメリカ製のM60主力戦車が460両、M48中戦車とM47中戦車があわせて400両あった。また、チーフテンのイラン向けの改良型であるシール1主力戦車や、その発展型のシール2主力戦車もイギリスに発注済みだった。

しかし、革命後にこれらの兵器の部品供給が断たれて稼働率が大幅に低下し、シール1やシール2の契約も破棄されてしまった(ちなみにシール2はイギリス本国でチャンレジャー1主力戦車に発展していく)。

イランには、このように戦力が低下していた正規軍とは別に、軍部をあまり信頼していない革命政府が、各地で自然発生的に生まれた民兵集団を育成して組織化したイスラム革命防衛隊があり、開戦時点で7万5000~10万名ほどの兵力を持っていた。

イラン軍の戦い方を見ると、戦争初期には航空機や攻撃ヘリを含む米英製の新しい兵器を活用してイラク軍に痛撃を与えることもあった。だが、革命後の粛清による指揮統制能力の低下や、部品供給の遮断などによる米英製兵器の稼働率の低下の中で、練度は低いものの戦意が高い革命防衛隊の人海戦術に頼る傾向が強くなっていく。

機甲戦術の実例をあげると、戦争初期の1981年1月

イラン軍の航空兵力

イラン軍地上部隊の戦闘序列（1980年9月）

- 第1軍団
  - 第81機甲師団
  - 第92機甲師団
  - 第28歩兵師団
  - 第64歩兵師団
  - 第40歩兵旅団
  - 第84歩兵旅団
- 第2軍団
  - 第16機甲師団
  - 第21歩兵師団
  - 第23コマンド旅団
- 第3軍団
  - 第37機甲旅団
  - 第55空挺旅団
- （第4軍団）
  - 第88機甲師団
  - 第77歩兵師団
  - 第30歩兵旅団

主要部隊のみ。第4軍団は編成予定。一部推定含む。

イラン軍地上部隊の配置（1980年9月）

- 9西アーザルバーイジャン州
  - 第64歩兵師団
- 10コルデスターン州
  - 第28歩兵師団
- 12バーフタラーン（ケルマーンシャー）州
  - 第81機甲師団
- 15フーゼスターン州
  - 第92機甲師団
- 14ロレスターン州
  - 第84歩兵旅団
- 5ギーラーン州
  - 第16機甲師団
- 1テヘラン州
  - 第21歩兵師団
  - 第23コマンド旅団
  - 第33砲兵群
- 8東アーザルバーイジャン州（シャルキ）州
  - 第40歩兵旅団
  - 第11砲兵群
- 19ファールス州
  - 第37機甲旅団
  - 第55空挺旅団
- 24エスファハーン州
  - 第22砲兵群
  - 第44砲兵群
  - 第55砲兵群
  - 訓練連隊
- 26マーザンダラーン州
  - 第30歩兵旅団
- 28ホラーサーン州
  - 第77歩兵師団
- 21バルーチェスターン・スィースターン州
  - 第88機甲師団

主要部隊のみ。一部推定含む。番号は州の番号で、正式には「第○州」となる。なお、第88機甲師団は旅団から改編途中で、主力戦車の配備数は30両足らずと旅団規模にもみたなかった。

イラン軍のM60主力戦車

10日にはアフワーズ北西のスサーンゲルド付近で、第四次中東戦争以来となる大規模な戦車戦が生起。この戦車戦では、遠距離では120㎜ライフル砲を搭載しているイラン軍のチーフテン主力戦車が、115㎜滑腔砲を搭載しているイラク軍のT-62中戦車に対して優位に立った。しかし、車重の大きいチーフテンが雨季の始まりでぬかるんだ地面に足をとられると、接地圧の低いT-62が機動力を活かして接近戦に持ち込んで対抗した、と伝えられている。

1987年の「カルバラ」5号作戦の南部戦線での、イラン軍のT-54あるいはT-55中戦車

まとめ

■イラク軍の戦術と戦略

主要な兵器の多くはソ連製で、戦術面でもソ連軍の影響が強かった。戦略面では、南部での限定的な進攻と早期の停戦交渉を狙ったが、イランは拒否。長期にわたる消耗戦の末に、相手の首都を狙える弾道ミサイルと化学兵器(毒ガス)の脅威などによって、ようやく停戦にこぎつけた。

■イラン軍の戦術と戦略

革命前はイラク軍に対して優位に立っていたが、革命により軍事力が大幅に低下し、イラク軍の進攻を受けた。主要な兵器の多くは米英製で、戦争初期にはイラク軍に痛撃を与えることもあったが、その後は稼働率が大幅に低下。革命防衛隊の人海戦術に頼るようになったものの消耗が大きく、最後は停戦を受け入れた。

今回のテーマは1990年～91年に行われた湾岸戦争よ！

ついに現代戦って感じね 30年以上も前だけど…

これまでのあらすじ

おかね貸して！

イラク

クウェート

サウジアラビア

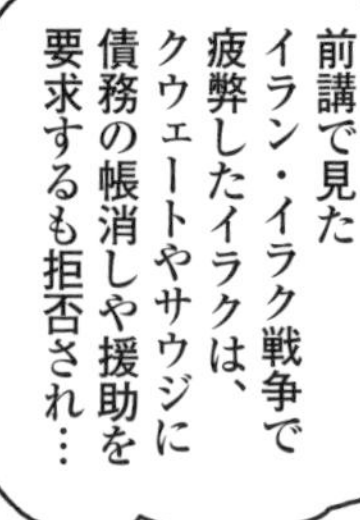

前講で見たイラン・イラク戦争で疲弊したイラクは、クウェートやサウジに債務の帳消しや援助を要求するも拒否され…

さらにクウェートが原油を増産することで原油価格が下落したため、イラクはクウェートを恨むようになったの

オレの領土(イラク)になれ～!!
ボカッ
で、1990年8月2日にイラクはクウェートに進攻、強引に併合しちゃうんだ…
イラク
クウェート
ちょっ
お前
～～!?
シリア
UAE
サウジアラビア
アラブ世界も含む国際社会はこの暴挙を非難
国連安保理決議に基づいて、クウェート解放のため
イラク
アメリカを中心とした多国籍軍がサウジアラビアに展開
ヨルダン
サウジアラビア
ズ〃ズ〃ズ〃ズ〃
ちなみに、イスラエルは角が立つから不参加だよ
翌1991年1月17日から航空攻撃の「デザート・ストーム」作戦が開始、2月24日からは地上作戦の「デザート・セイバー」作戦が始まったのよ
第1機甲師団
タワカルナ師団
そして2月26日午後、主力たる米第7軍団の一番北(左翼)を行く米第1機甲師団第3旅団がイラク共和国防衛隊「タワカルナ」師団と遭遇…
というわけでここからは
迫りくる米軍のM1エイブラムス相手に
イラクのT-72戦車が奮戦した話をするよ!
えっ
ヒィィィイン
ズズズズ

*＝第37機甲連隊第1大隊基幹

熱源！
2時方向敵戦車！
各個（ファイア）
射撃（アト ウィル）！

熱線映像照準装置を用いた射撃の前に次々と撃破されるイラクのT-72
それは一方的な攻撃だった
ドゴッ！
歩兵だ RPGを抱えている
同軸機関銃！
ワラ
ワラ
ワラ

そしてM1A1は前進を継続するが、

第二線陣地で「無敵戦車」は想定外の苦戦をこうむることになる

M1A1・D24号車の
砲塔リング左側に
T-72の徹甲弾が見事命中
貫徹され戦闘不能になった
ガガッ

こちら
D24!
被弾
行動不能!
ブルルル

さらに
21時27分
ワオ!
ゴメーン
支隊中央のB中隊の
B23号車は、味方の
AH-64アパッチが
誤射したヘルファイア
対戦車ミサイルを
エンジンに被弾
ドゴッ

さらに——
ドッ

キュボ…

ドドン
B23はT-72の主砲を
弾薬庫(バスル)に被弾、砲弾が
誘爆しブローオフ・パネルが
上に吹き飛び炎上する――

しかしB23の乗員は
軽傷のみで全員脱出
ワラワラ
また支隊右翼のC中隊の
C12号車は、味方の
M1A1からの誤射で
エンジンに被弾、
さらにAT-3サガー
対戦車ミサイルを
被弾して戦闘不能に
ヒュ――ン
ボゴッ
また誤射
ですか…
そしてC12を
助けるため、
中隊長のミニーン
大尉のC66号車が
駆け付けたが
大丈夫か!?…
アウチ!
待ち伏せていた
T-72のHEATを
2発被弾して
ノックアウトされた
見事にT-72が
一矢報いたの
である
チカッ
ざまぁ…

そこに
C中隊第1小隊長の
アルバ少尉の
C11号車が到着、
潜んでいたT-72と
BMPを撃破し、
戦友8名を収容して
キリング・ゾーンを
離脱した
ガ
ガン

こうして一部のM1A1は不覚を取ったが、1/37機甲支隊は敵陣を蹂躙して粉砕
21時50分に戦闘を終了
支隊はT-72 28両、BMP 46両などを撃破し、戦力を一掃した
誤射も含めM1A1が4両撃破されたが、戦車兵の損害は負傷6名に留まり、
M1A1の強靭さ、乗員保護能力の高さが実証された戦いともなった
キィィイイイイ

死者0…
M1A1は優秀ですね—
なお、この「タワカルナの戦い」は湾岸戦争でT-72がいちばん善戦した戦いで、
他の戦車戦だともっと一方的にM1A1が勝ってます

うわーん!! イラク軍が使ってたT-72は複合装甲もない初期型だったし…
えぐっ
えぐっ
イヤこれ装甲とかの問題じゃなくナイ?
湾岸戦争全体の解説は次のページから!

第五講 湾岸戦争

さあ、今回はついに湾岸戦争だよ！

湾岸戦争ももう30年以上も前になるのね～。

わ、私が生まれる前の出来事ね～！

おほほ…もちろん私もまだ生まれてないわよ～。

えっ…ママ…？

（無視して）かんたんに経緯をまとめると、イラン・イラク戦争で疲弊したイラクが、隣国のクウェートやサウジに借金の帳消しや更なる援助を求めて…。

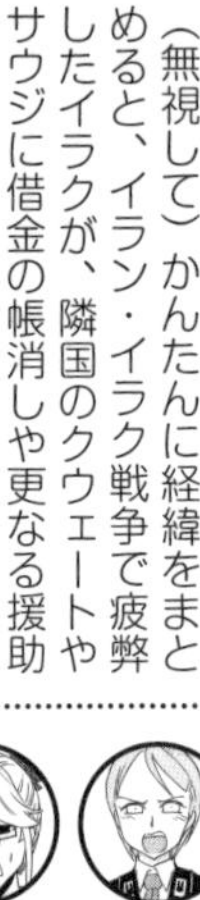

断られるとブチ切れて1990年8月にクウェートに進攻、占領しちゃったのね。

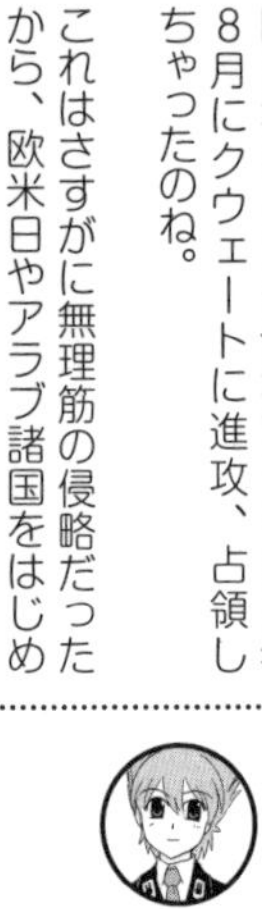

これはさすがに無理筋の侵略だったから、欧米日やアラブ諸国をはじめとする世界各国が非難。11月には武力行使を容認する国連決議案が、ソ連も含めて採択されたのよ。

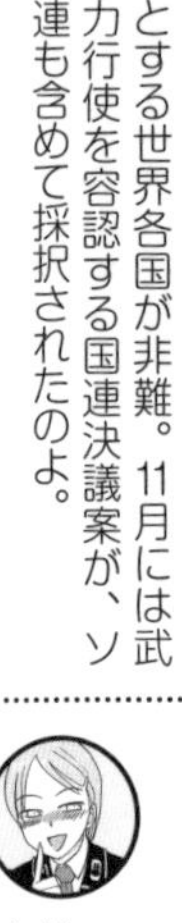

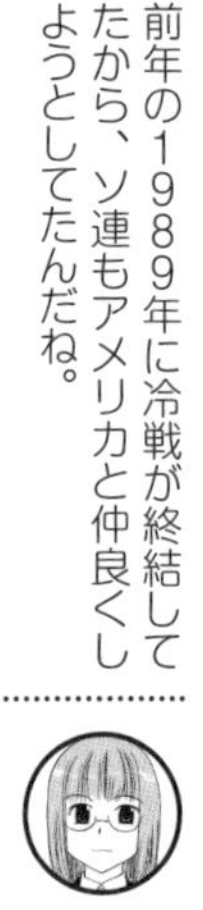

前年の1989年に冷戦が終結してたから、ソ連もアメリカと仲良くしようとしてたんだね。

で、まずアメリカはすぐに「デザート・シールド」作戦を発動して、ペルシア湾岸付近に多数の部隊を派遣。さらに英仏やアラブ諸国なども部隊を展開したんだね。

年が明けても撤退勧告に応じないイラクに対して、1991年1月17日に、航空攻撃を敢行する「デザート・ストーム」作戦を開始。各種航空機、巡航ミサイルなどでイラクの重要目標や防空施設、地上部隊を攻撃したのよ。

イラク空軍がッ！　無力化するまで！　爆撃をやめないッ！

これでイラク軍は空軍力をほぼ失い、航空優勢は多国籍軍に握られたんですね。

そして2月24日、多国籍軍の地上進撃作戦である「デザート・セイバー」が発動。走攻守に優れた主力の第7軍団が、「左フック」のように西から東に旋回しながら進撃していったの。

「シールド」と「セイバー」、単純だからこそ中二病をくすぐる作戦名デスな…！

ここでアメリカ軍は、冷戦期に磨き上げていた戦術「エアランド・バトル」を駆使して、空陸一体の機動作戦でイラク軍を一方的に撃破していったのよ。

イラク側も精鋭の共和国防衛隊が頑張ったけど、戦力差は圧倒的…！

M1A1とT-72〝アサド・バビル〟の性能差で分かるように、兵器の戦闘力の差でも大きな差がついていました…。

で、27日朝には多国籍軍がクウェートを解放、28日朝までに「砂漠の剣」作戦は完了し、湾岸戦争は終結したのね。

でも、イラクの共和国防衛隊はこれでもけっこう温存されていて、これが将来に禍根を残すことになるんだけど…。

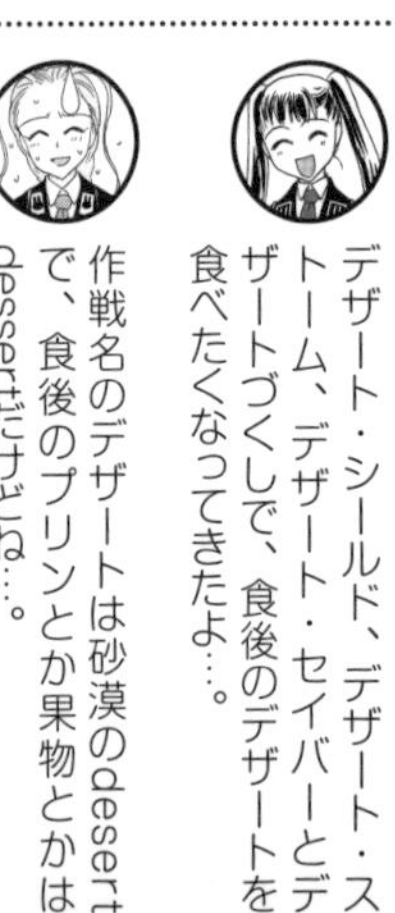

デザート・シールド、デザート・ストーム、デザート・セイバーとデザートづくしで、食後のデザートを食べたくなってきたよ…。

作戦名のデザートは砂漠のdesertで、食後のプリンとか果物とかはdessertだけどね…。

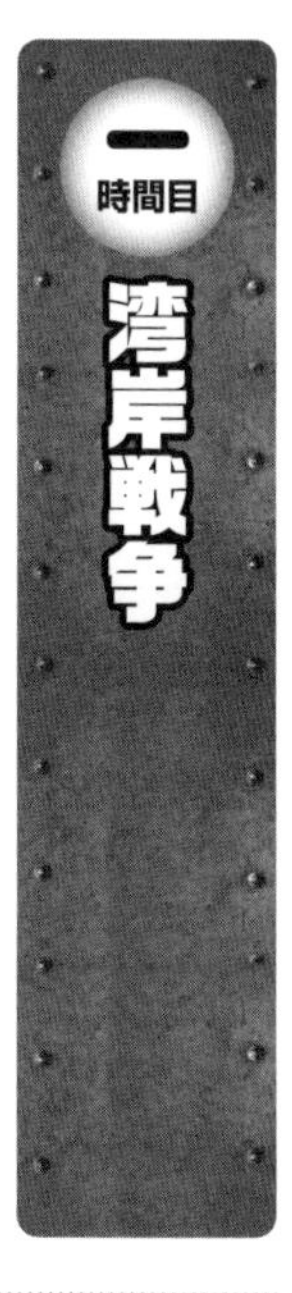

イラン・イラク戦争からクウェート進攻へ

1980年9月に始まったイラン・イラク戦争は、およそ8年間も続いたのち、1988年8月に停戦が成立した。

イラクは、この戦争で一応の勝利を得るとともに、中東ではイスラエルに肩を並べるほどの軍事大国となった。しかし、その一方で巨額の対外債務を抱えることになり、さらに他のペルシャ湾岸諸国の石油の増産にともなう価格の低迷もあいまって、債務の返済どころか利払いさえむずかしい状況に追い込まれていった。

イラクのサダム・フセイン大統領は、近隣の湾岸諸国に対してイランによるイスラム革命の輸出を防いだという「貸し」があると考えており、サウジアラビアやクウェートにイラクの債務の取り消しや追加の資金提供を求めた。だが、サウジアラビアもクウェートも、この要求をまともにとりあわなかった。その後もイラクは、湾岸諸国に石油の減産や資金提供を求めたが、ほとんど受け入れられなかった。とくにクウェートは、石油を増産して巨額の利益を得

「ブビヤン島はチグリス・ユーフラテス川の土砂で出来てるからイラク領！」という無茶な言い分だったんだって…

る一方で、対外援助はわずかな額にとどまっており、イスラム教の「喜捨」の精神にも反していた。

そして1990年7月17日、フセイン大統領はイラク革命記念日の演説で「一部のアラブ諸国が世界の原油価格を下落させており、イラクを毒の短剣で背後から突き刺そうとしている」と非難。その後もイラクは、以前から国境付近の油田の盗掘問題などで対立していたクウェートへの非難を続けた。

すると、クウェートは軍の動員を開始。この時は周辺諸国のとりなしもあって動員を解除したが、今度はイラク軍がクウェートとの国境付近に展開を始めて、7月27日頃にはおよそ10万名にも達した。

同月31日、サウジアラビアのジッダで、イラクとクウェートの両国代表による直接会談が行われたものの、交渉は決裂。8月1日の夕方には、イラクの国権の最高機関である革命評議会（議長はフセイン大統領が兼務）で、クウェートへの進攻が決まった。

「デザート・シールド」作戦

1990年8月2日早朝、イラク軍は、7個師団を主力としてクウェートへの進攻を開始した。クウェート軍は準

イラク軍、クウェートに電撃進攻

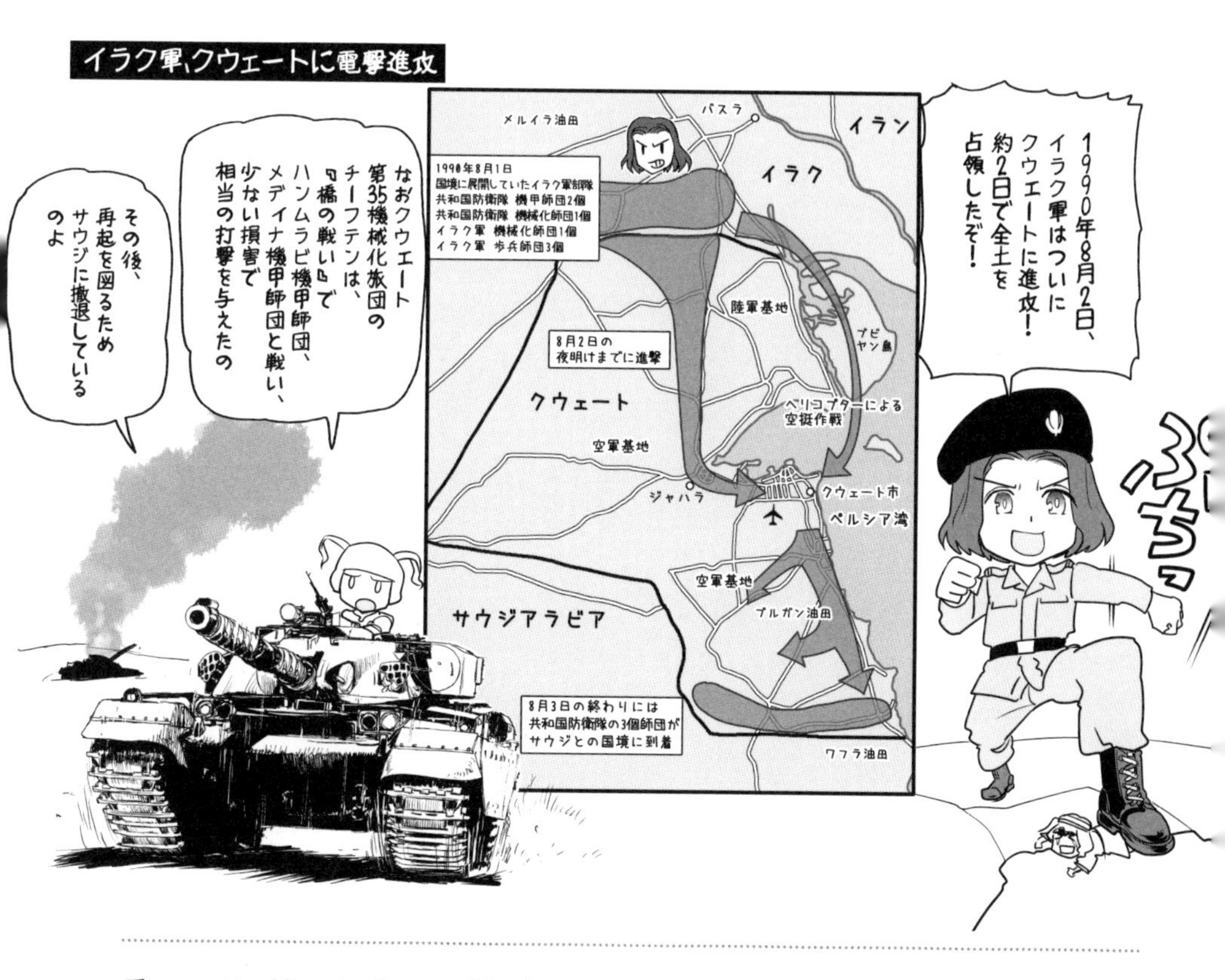

備が整っておらず、イラク軍はわずか数時間でクウェート市を制圧。クウェート王室と政府は、隣国のサウジアラビアに脱出した。

一方、アメリカは、海軍の空母打撃群や空軍の航空部隊などに加えて、8月7日にはサウジ側の同意も得たうえで陸軍や海兵隊の地上部隊の派遣を正式に決定。サウジアラビアを防衛する「デザート・シールド」（砂漠の盾）作戦の準備が始まった。また、翌8日にはいわゆる多国籍軍の編成も始まった。

また、国連の安全保障理事会では、イラクがクウェートに進攻した当日の8月2日にイラク軍の即時無条件撤退を求める決議（第660号）が採択され、同月6日にはイラクに対する全面的な経済制裁（第661号）、同月9日にはクウェート併合の無効（第662号）、同月25日には経済制裁の実効性を確保するため海上部隊の派遣国に対して必要な措置（武力行使を含む）を認める決議（第665号）も採択されることになる。

話をアメリカ軍に戻すと、地上部隊の派遣が決まった翌日の8月8日には陸軍の第82空挺師団の1個旅団が輸送機に乗ってアメリカ本土を出発し、翌9日にはサウジ国内のクウェートとの国境近くに展開。同月13日には、海兵隊の第7海兵遠征旅団などもサウジに到着した。

次いで9月中旬ごろには、前述の第82空挺師団の主力や第24歩兵師団（機械化）の主力、イギリス軍の第7機甲旅団の一部やフ

「デザート・シールド」作戦

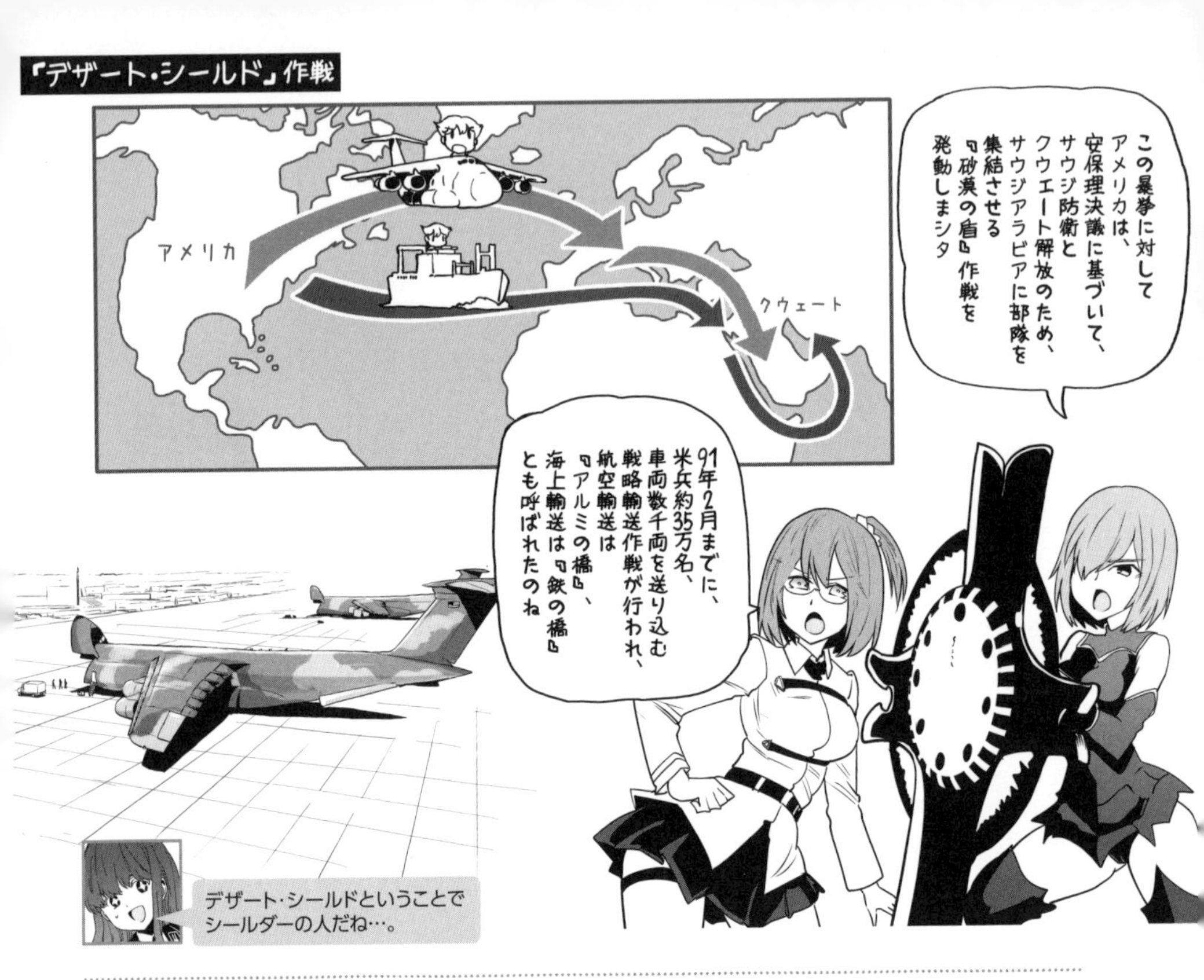

ランスの第6軽機甲師団の一部、さらにはサウジやクウェートなどが加盟する湾岸協力理事会(Gulf Cooperation Council 略してGCC)諸国軍、エジプト軍やシリア軍の派遣部隊なども加わった。

続いて、アメリカ陸軍の第101空挺師団（空中強襲）や第1騎兵師団(実質は機甲師団)なども加わり、10月初旬ごろの兵力は約13万名に増加。また、イギリス軍約1万5000名、フランス軍約1万3000名、GCC諸国軍約6万6000名、エジプト軍約2万名、シリア軍約1万5000名などが加わり、合計でおよそ26万名、戦車約700両、歩兵戦闘車600両以上に達した。

対するイラク軍は、占領したクウェートやイラクの南部におよそ43万名を展開。サウジとの国境付近に堅固な陣地帯の構築を進めるとともに、その後方に一種のエリート部隊である共和国防衛隊(大統領警護隊とも呼ばれる)の主力を配置して、防御態勢を固めていった。

「デザート・ストーム」作戦

1990年11月8日、アメリカのジョージ・ブッシュ大統領は、「攻撃的軍事オプション」を持つためにアメリカ軍の規模拡大を発表。ドイツ西部に展開していた(一部はアメリカ本土

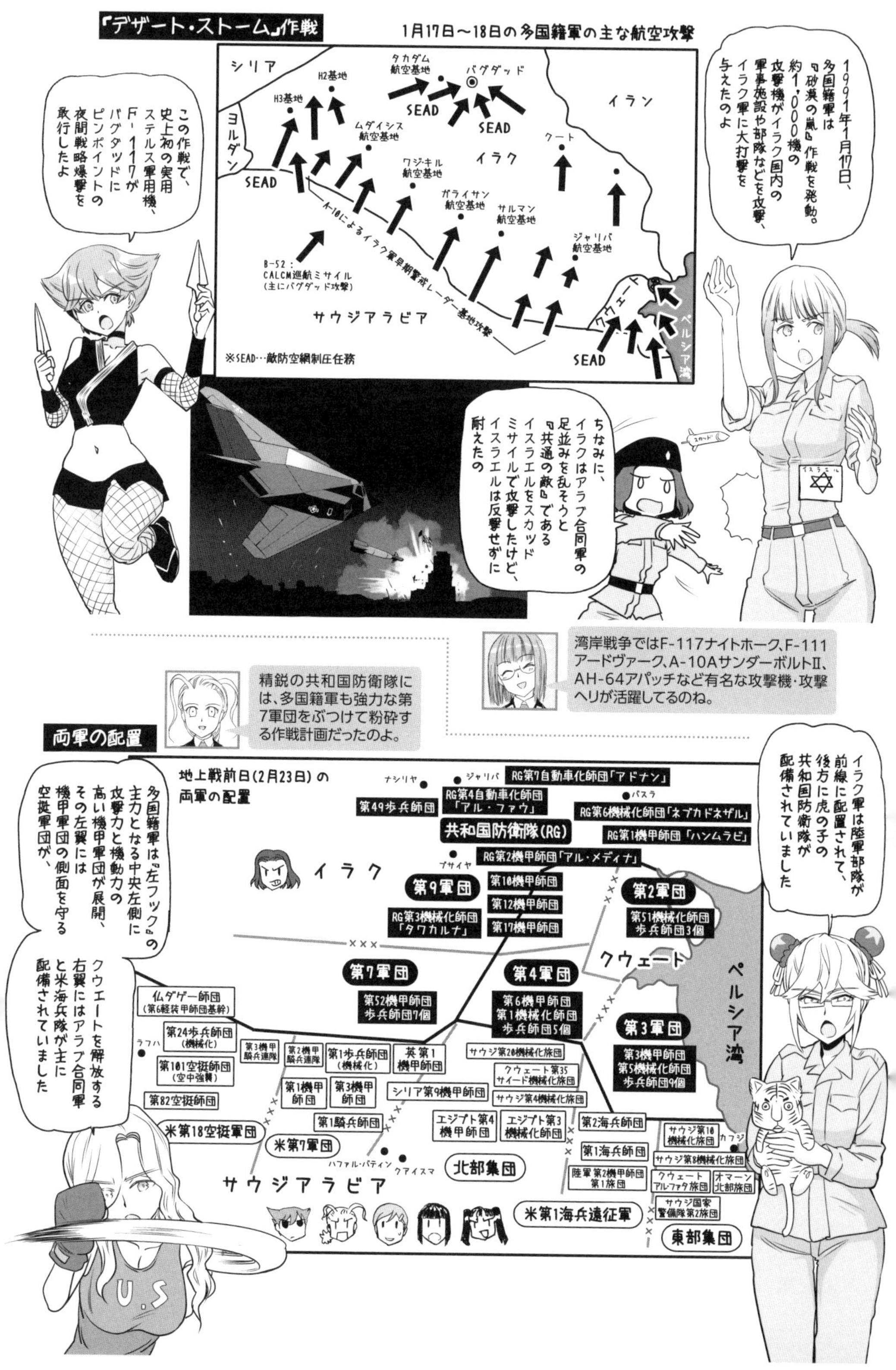

「デザート・ストーム」作戦
1月17日～18日の多国籍軍の主な航空攻撃
1991年1月17日、多国籍軍は『砂漠の嵐』作戦を発動。約1,000機の攻撃機がイラク国内の軍事施設や部隊などを攻撃、イラク軍に大打撃を与えたのよ
この作戦で、史上初の実用ステルス軍用機、F-117がバグダッドにピンポイントの夜間戦略爆撃を敢行したよ
シリア
ヨルダン
イラク
イラン
H3基地
H2基地
タカダム航空基地
バグダッド
ムダイシス航空基地
ワジ・キル航空基地
ガライサン航空基地
サルマン航空基地
クート
ジャリバ航空基地
SEAD
A-10によるイラク軍早期警戒レーダー基地攻撃
B-52：CALCM巡航ミサイル（主にバグダッド攻撃）
サウジアラビア
クウェート
ペルシア湾
※SEAD…敵防空網制圧任務
ちなみに、イラクはアラブ合同軍の足並みを乱そうと『共通の敵』であるイスラエルをスカッドミサイルで攻撃したけど、イスラエルは反撃せずに耐えたの
スカッド
イスラエル
湾岸戦争ではF-117ナイトホーク、F-111アードヴァーク、A-10AサンダーボルトⅡ、AH-64アパッチなど有名な攻撃機・攻撃ヘリが活躍してるのね。
精鋭の共和国防衛隊には、多国籍軍も強力な第7軍団をぶつけて粉砕する作戦計画だったのよ。
両軍の配置
イラク軍は陸軍部隊が前線に配置されて、後方に虎の子の共和国防衛隊が配備されていました
多国籍軍は『左フック』の主力となる中央左側に攻撃力と機動力の高い機甲軍団が展開、その左翼には空挺軍団が、
クウエートを解放する右翼にはアラブ合同軍と米海兵隊が主に配備されていました
地上戦前日（2月23日）の両軍の配置
ナシリヤ
ジャリバ
RG第7自動車化師団「アドナン」
RG第4自動車化師団「アル・ファウ」
第49歩兵師団
バスラ
RG第6機械化師団「ネブカドネザル」
共和国防衛隊（RG）
RG第1機甲師団「ハンムラビ」
ブサイヤ
RG第2機甲師団「アル・メディナ」
イラク
第9軍団
第10機甲師団
第12機甲師団
第17機甲師団
RG第3機械化師団「タワカルナ」
第2軍団
第51機械化師団
歩兵師団3個
クウェート
第7軍団
第52機甲師団
歩兵師団7個
第4軍団
第6機甲師団
第1機械化師団
歩兵師団5個
第3軍団
第3機甲師団
第5機械化師団
歩兵師団9個
ペルシア湾
仏ダゲー師団（第6軽装甲師団基幹）
第24歩兵師団（機械化）
ラフハ
第101空挺師団（空中強襲）
第82空挺師団
第3機甲騎兵連隊
第2機甲騎兵連隊
第1歩兵師団（機械化）
英第1機甲師団
第1機甲師団
第3機甲師団
シリア第9機甲師団
サウジ第20機械化旅団
クウェート第35サイード機械化旅団
サウジ第4機械化旅団
第1騎兵師団
エジプト第4機甲師団
エジプト第3機械化師団
第2海兵師団
サウジ第10機械化旅団
カフジ
米第18空挺軍団
米第7軍団
第1海兵師団
サウジ第8機械化旅団
ハファル・バティン
クアイスマ
北部集団
陸軍第2機甲師団第1旅団
クウェートアル・ファタ旅団
オマーン北部旅団
サウジアラビア
米第1海兵遠征軍
サウジ国家警備隊第2旅団
東部集団
U.S

から増援予定）陸軍の第7軍団（第1機甲師団、第3機甲師団、第1歩兵師団（機械化）など）が送り込まれることになった。その後、多国籍軍の地上部隊は、翌年2月の地上作戦の開始までに、アメリカ軍約35万名、イギリス軍約3万3000名、フランス軍1万3000名、アラブ・イスラム合同軍約18万名、合計でおよそ58万名に達する。

また、11月29日には、国連の安全保障理事会で、イラク軍のクウェートからの撤退期限を1991年1月15日とするイラクへの武力行使容認決議（第678号）が採択された。

そして撤退期限2日後の1月17日、多国籍軍は「デザート・ストーム」（砂漠の嵐）作戦を開始。空母の艦載機を含む航空部隊（主要作戦機およそ1000機）が、イラク国内の軍事施設やクウェートのイラク軍などへの大規模な航空攻撃を実施。艦艇などから発射される巡航ミサイルによる攻撃も加わった。

イラク軍は、多国籍軍の航空攻撃によって地上部隊が消耗していく中で、1月29日に3個師団基幹の兵力でペルシャ湾岸のカフジ方面に進攻を開始。一時はカフジを占領したものの、2月1日までに多国籍軍によって撃退された。

「デザート・セイバー」作戦

多国籍軍は、「デザート・ストーム」作戦の地上作戦パートである「デザート・セイバー」（砂漠の剣）作戦の開始にさきだって、主力のアメリカ第7軍団（イギリス第1機甲師団を編入）を西にシフトした。作戦計画は、東側からアラブ合同軍東部集団（サウジ軍など）、第1海兵遠征軍（第1および第2海兵師団基幹）、アラブ合同軍北部集団（エジプト軍やシリア軍など）が展開し、クウェート方面に進撃。その西側の第7軍団が、クウェート方面に向かって南下すると思われるイラク軍の共和国防衛隊主力を「左フック」のように側面から攻撃するとともに、さらに西側に第82空挺師団や第101空挺師団（空中強襲）などが所属する第18空挺軍団が展開して第7軍団の側面を掩護する、というもの

アメリカ海兵隊のドーザー付きのM60A1。塹壕を歩兵ごとドーザーで埋めてしまうなどの力技で、イラク軍の防衛線を突破した

「砂漠の剣(デザート・セイバー)」作戦発動
2月24日朝、『砂漠の剣』作戦が発動。多国籍軍は地雷原や陣地線を突破して、
国境近くのイラク陸軍部隊を撃破、その後も順調に進撃します
A-10AやMLRSといった、ワルシャワ条約機構軍相手に開発された兵器たちが大活躍したのね
M60A1
A-10A
MLRS
他に活躍した兵器としては、スカッドミサイルを迎撃したMIM-104パトリオット地対空ミサイルがありますね。
湾岸戦争の個々の戦車戦の詳細については、イカロス出版刊の「湾岸戦争大戦車戦(上・下)」(河津幸英 著)を読んでくださいね!
73イースティングの戦い
70イースティング
73イースティング
74イースティング
M106自走107mm迫撃砲
FISTV観測装甲車
(火力支援チーム車)
第1スカウト小隊
T-72戦車
18輌の円陣
第2戦車小隊
午後4時22分に
全滅させる
イーグル中隊指揮所
(副隊長)
大隊作戦参謀車
マクマスター大尉車
第4戦車小隊
第3スカウト小隊
第3大隊騎兵中隊の戦区
くそったれ、OK牧場の決闘並みだ!
マクマスター大尉
2月26日、第2機甲騎兵連隊第2騎兵大隊E(イーグル)中隊(M1A1HAエイブラムス9両、M3ブラッドレー12両)は、隊長・マクマスター大尉の『マッド・マックス』号を先頭に東に突進
午後4時ごろ、73イースティング付近でイラク機甲大隊と激突し、T-72戦車28両、BMP-1歩兵戦闘車16両、トラック36台を一方的に撃破しまシタ
なおマクマスター大尉は、のちに中将までなり、数年前にトランプ大統領の国家安全保障担当補佐官になっていました

多国籍軍地上部隊の戦闘序列（1991年2月）

- アメリカ中央軍（ノーマン・シュワルツコフJr.大将）
  - 中央陸軍／第3軍（ジョン・J・ヨーソック中将）
    - 第7軍団（フレッド・M・フランクスJr.中将）
      - 第1機甲師団
        - 第3歩兵師団（機械化）第3旅団 *1
        - 第2旅団
        - 第3旅団
      - 第3機甲師団
        - 第1旅団
        - 第2旅団
        - 第3旅団
      - 第1歩兵師団（機械化）
        - 第1旅団
        - 第2旅団
        - 第2機甲師団第3旅団 *2
      - 第1機甲師団（イギリス）
        - 第4機甲旅団
        - 第7機甲旅団
      - 第2機甲騎兵連隊
      - 第42野戦砲兵旅団
      - 第75野戦砲兵旅団
      - 第142野戦砲兵旅団
      - 第210野戦砲兵旅団
      - 第11航空旅団
      - 第7工兵旅団
    - 第18空挺軍団（ゲーリー・E・ラック中将）
      - 第82空挺師団 *3
        - 第1旅団
        - 第3旅団
      - 第101空挺師団（空中強襲）
        - 第1旅団
        - 第2旅団
        - 第3旅団
      - 第24歩兵師団（機械化）
        - 第1旅団
        - 第2旅団
        - 第197歩兵旅団（機械化） *4
      - ダゲー師団（フランス） *5
        - 東部群
        - 西部群
        - 第82空挺師団第2旅団
      - 第3機甲騎兵連隊
      - 第18野戦砲兵旅団（空挺）
      - 第196野戦砲兵旅団
      - 第212野戦砲兵旅団
      - 第12航空旅団
      - 第18航空旅団
      - 第20工兵旅団（空挺）
    - 第1騎兵師団 *6
      - 第1旅団
      - 第2旅団
  - 中央海兵隊／第1海兵遠征軍（ウォルター・E・ブーマー中将）
    - 第1海兵師団
    - 第2海兵師団
      - 第2機甲師団第1旅団（陸軍より配属）
    - 第2海兵遠征軍 *7
      - 第4海兵遠征旅団
      - 第5海兵遠征旅団
      - 第13海兵遠征群

- アラブ・イスラム合同軍（ハリド・ビン・スルタン大将）
  - 東部集団
    - 第10機械化旅団（サウジアラビア）
    - 北部旅団（オマーン）
    - オスマン任務部隊
      - 第8機械化旅団（サウジアラビア）
      - アル・ファタ旅団（クウェート）
    - アブ・バクール任務部隊
      - 国家警備隊第2旅団（サウジアラビア） *8
    - タリク任務部隊（サウジ、モロッコ、セネガル混成）
  - 北部集団
    - ハリド任務部隊
      - ムサナ支隊
        - 第20機械化旅団（サウジアラビア）
        - 第35サイード機械化旅団（クウェート）
      - サード支隊
        - 第4機甲旅団（サウジアラビア）
        - 第15ムバラク歩兵旅団（クウェート）
    - 第2軍団（エジプト）
      - 第4機甲師団
      - 第3機械化歩兵師団
  - 第9機甲師団（シリア）
  - 第45コマンド旅団（シリア）

*1=第1旅団として配属。*2=第3旅団として配属。*3=第2旅団はダゲー師団(フランス。「ダゲー」は子鹿の意)に配属
*4=独立の第197歩兵旅団を第3旅団として配属。*5=1990年9月に、第6軽装甲師団の所属部隊などを基幹にサウジアラビアで臨時に編成された師団。「ダゲー」とはフランス軍の作戦呼称。*6=2月22日までは第7軍団の予備。2月23日以降は第3軍/中央陸軍の総予備。第3旅団は欠。*7=洋上予備。*8=アブドラ・アジズ国王機械化旅団。旅団以上の主要戦闘部隊のみ。アラブ・イスラム合同軍については異説あり。なお、アメリカ中央軍とアラブ・イスラム合同軍の調整機関として米・サウジ合同司令部が置かれた。

イラク軍地上部隊の戦闘序列（1991年2月）

- 第7軍団
  - 第25歩兵師団
  - 第27歩兵師団
  - 第28歩兵師団
  - 第48歩兵師団
  - （第2線）
  - 第12機甲師団
  - 第26歩兵師団
  - 第31歩兵師団
  - 第47歩兵師団
- 第4軍団
  - 第16歩兵師団
  - 第20歩兵師団
  - 第30歩兵師団
  - 第34歩兵師団
  - 第36歩兵師団
  - （第2線）
  - 第1機械化師団
  - 第6機甲師団
  - 第21歩兵師団
- 第3軍団
  - 第7歩兵師団
  - 第8歩兵師団
  - 第11歩兵師団
  - 第14歩兵師団
  - 第15歩兵師団
  - 第18歩兵師団
  - 第19歩兵師団
  - 第29歩兵師団
  - （第2線）
  - 第3機甲師団
  - 第5機械化師団
  - 第35歩兵師団
- 第2軍団
  - 第2歩兵師団
  - 第3歩兵師団
  - 第（不明）歩兵師団
  - （第2線）
  - 第51機械化師団

（予備）

- 共和国防衛隊司令部
  - 第1軍団
    - 第1機甲師団「ハンムラビ」
    - 第2機甲師団「アル・メディナ」
    - 第3機械化師団「タワカルナ」
    - 第4自動車化師団「アル・ファウ」
    - 第8特殊戦部隊「アス・サイカ」
  - 第2軍団
    - 第5機械化師団「バグダット」
    - 第6機械化師団「ネブカドネザル」
    - 第7自動車化師団「アドナン」
- 第9軍団
  - 第10機甲師団
  - 第17機甲師団
  - 第52機甲師団
  - 第45歩兵師団
  - 第49歩兵師団
  - 第？（不明）歩兵師団

主要部隊のみ、異説あり。

湾岸戦争で多国籍軍に撃破されたイラク軍のT-72

ノーフォークの戦い

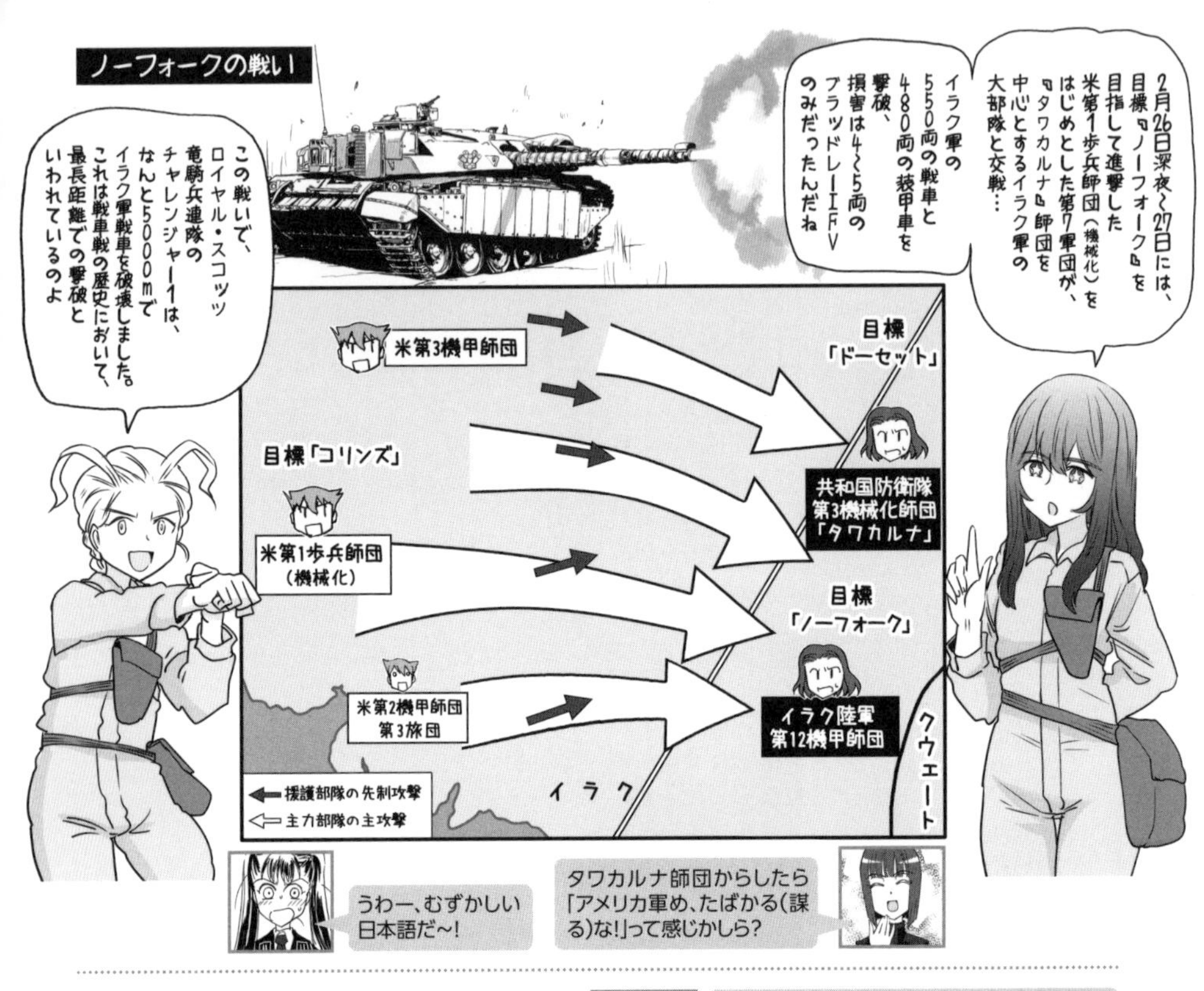

メディナ・リッジの戦い

メディナ・リッジの戦いで活躍した米第1機甲師団の第2旅団は、第70戦車連隊第2大隊、第70戦車連隊第4大隊、第35戦車連隊第1大隊、第6歩兵連隊第6大隊で成り立ってて、マンガで出てくる部隊は第3旅団の第37戦車連隊第1大隊を基幹にした1/37機甲支隊だよ。

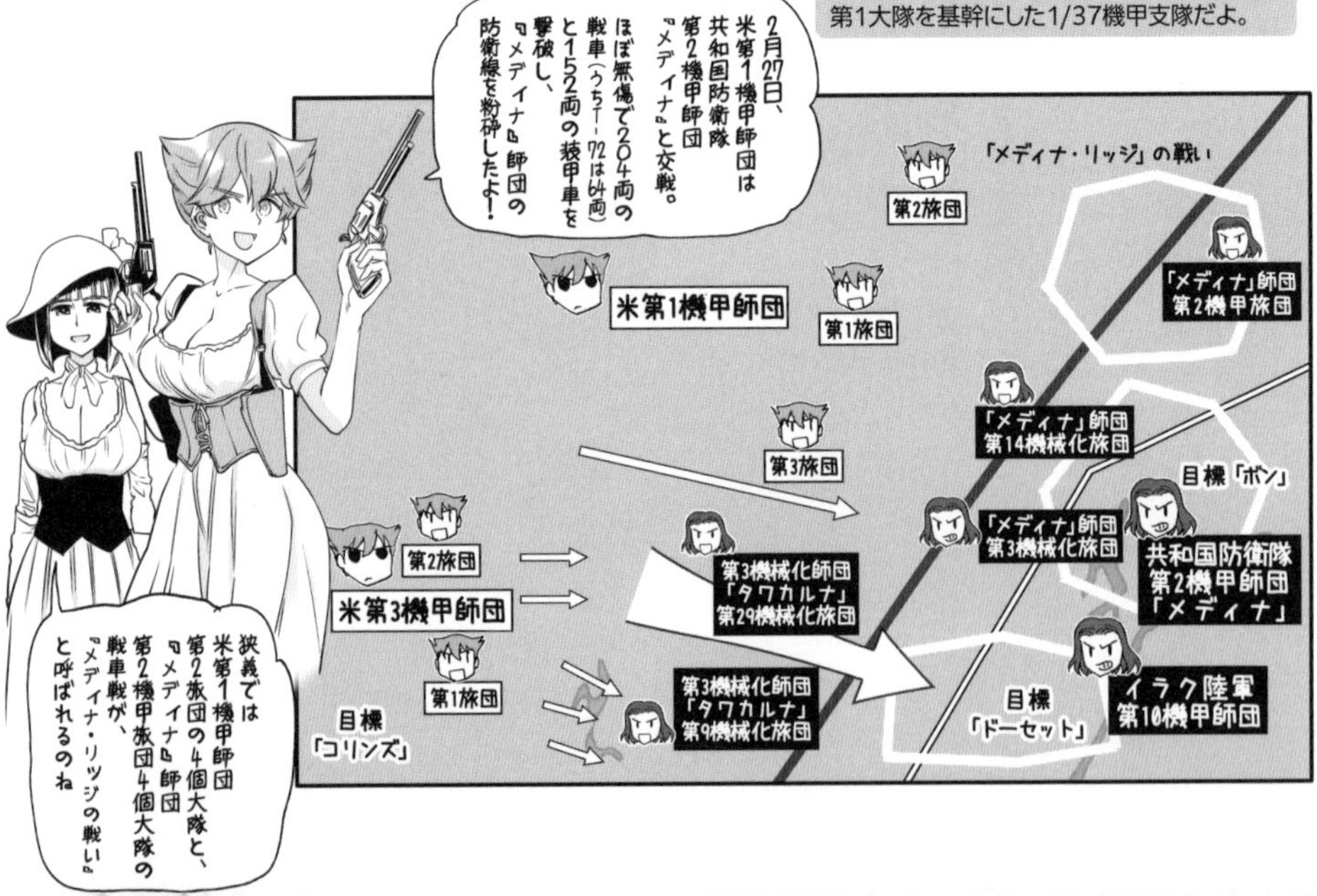

「砂漠の剣」作戦終了、クウェートを解放

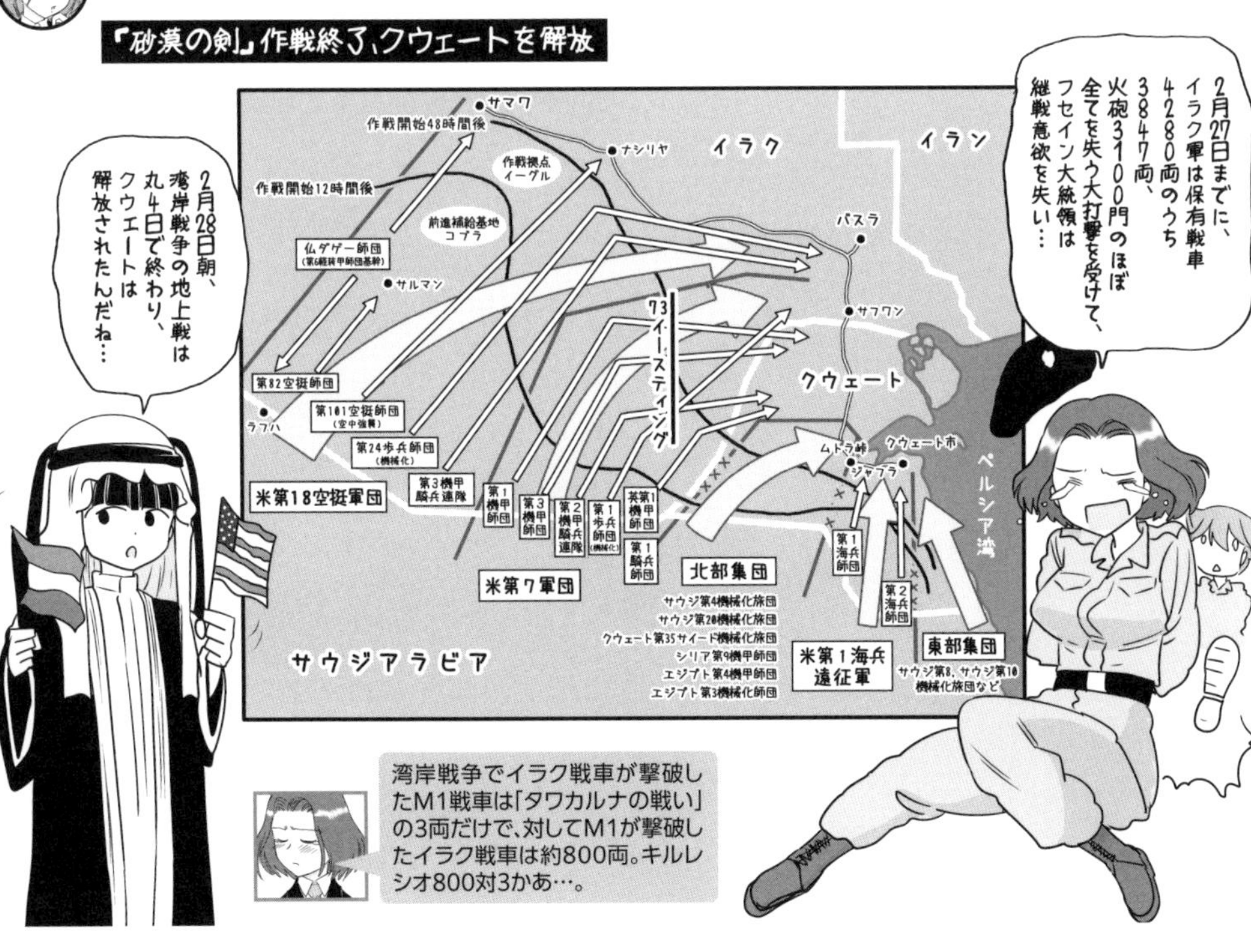

だった。

　1991年2月24日、多国籍軍は「デザート・セイバー」作戦を開始。多国籍軍の攻撃は予想以上に順調に進み、作戦2日目の2月25日が終わる頃にはイラク軍7個師団を壊滅させて2万5000名以上の捕虜を得た。

　そして作戦3日目の2月26日、第7軍団主力は、クウェート北西の「73イースティング」*付近で、共和国防衛隊の「タワカルナ」機械化師団を含むイラク軍部隊と激突。この「73イースティングの戦い」で、イラク軍部隊を撃破して進撃を続けていった。続いて第7軍団主力は、26日深夜から翌27日にかけての「ノーフォークの戦い」や27日の「メディナ・リッジの戦い」で、共和国防衛隊の「メディナ」戦車師団を含むイラク軍部隊に大きな損害を与えた。

　一方、クウェート方面では、27日朝に多国籍軍部隊がクウェート市内に突入し、午前中にほぼ制圧を完了している。

　そしてブッシュ大統領は、アメリカ東部時間午後9時（現地との時差は8時間）にクウェートの解放とイラク軍の敗北を宣言し、28日午前0時に攻撃的な作戦を停止すると発表。現地の多国籍軍は、同日午前8時に「デザート・セイバー」作戦の開始から100時間ほどで作戦を終了した。

　こうして多国籍軍は、イラク軍に大損害を与えるとともに、クウェートの解放を成し遂げたのだった。

＊＝この「イースティング」とは、アメリカ軍が地図上に南北に引いていた線で、たとえば「73イースティング」は「72イースティング」の1km東の線になる。

「砂漠の嵐」作戦時のアメリカ陸軍第3機甲師団のM1A1エイブラムス。奥にはM2ブラッドレーも見える

二時間目 イラク軍と多国籍軍のおもな部隊の編制と戦術

イラク軍のおもな師団の編制と装備

当時のイラク軍に関しては不明瞭な点が多く、編制表を含めて一部に推定を含んでいることをご了承いただきたい。

本題に入ると、イラク軍の最高司令官は大統領であり、その下に国防省と正規軍の最高司令部である総参謀本部が置かれていた。また、正規軍とは別に、大統領直属の共和国防衛隊や大統領特別警護隊、政権党であるバース党が管轄する人民軍があり、これらは総参謀本部の指揮下には入っていなかった。といっても、総参謀本部には陸海空軍の政治委員が所属しており、各政治委員は同時に革命評議会の政治指導局の指導下にあった。そしてフセイン大統領は、革命評議会の議長やバース党の書記長も兼務していたので、結果的に全軍を指揮することができたわけだ。

イラク陸軍の師団は、機甲師団、機械化師団、歩兵師団の3種類に分けられる。これらの師団の編制定数はおよそ1万～1万4000名で、後述するアメリカ陸軍の師団に比べると規模がやや小さい。このうち、機甲師団は機甲旅団2個と機械化旅団1個を、機械化師団は機甲旅団1個と機械化旅団2個を、それぞれ主力とし

イラク軍機甲旅団の編制

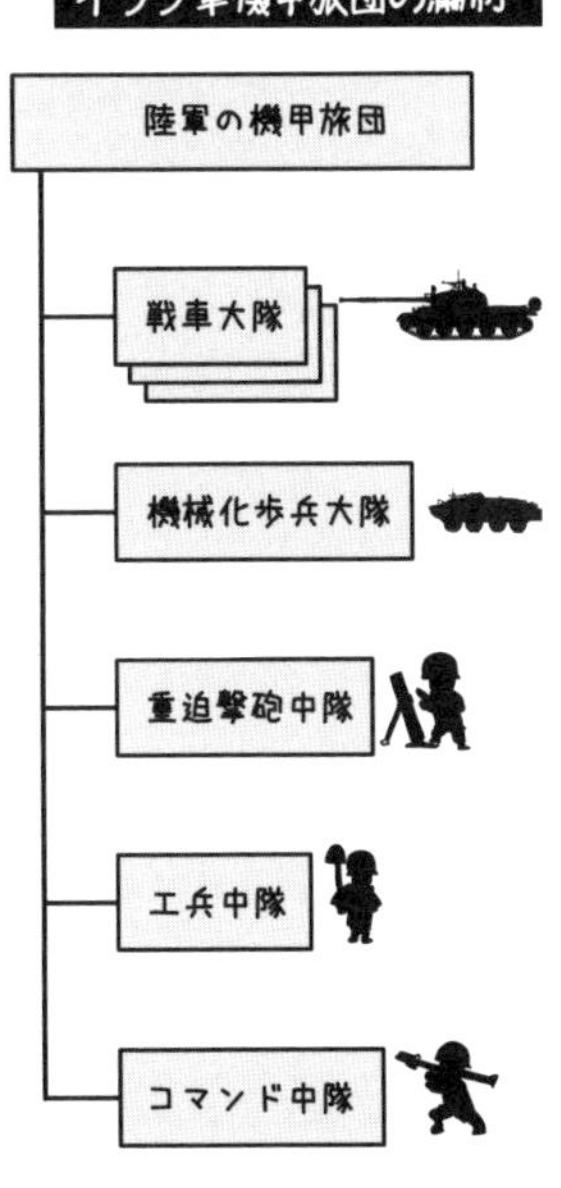

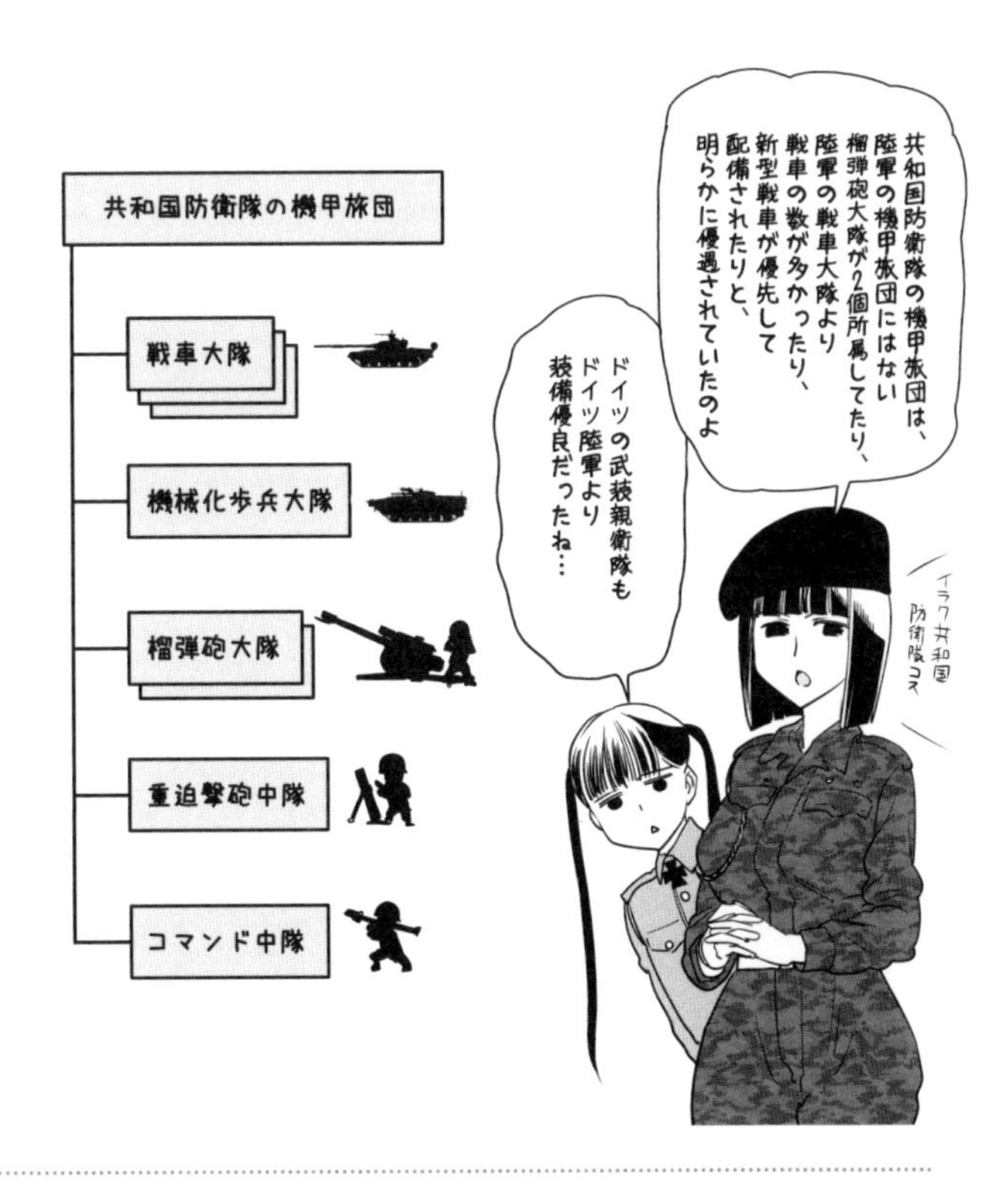

ており、砲兵連隊、機甲偵察大隊、コマンド中隊、工兵大隊などが所属していた。歩兵師団は、歩兵旅団2個と機械化旅団または歩兵旅団1個を主力としており、砲兵連隊、機甲偵察中隊、コマンド中隊、工兵大隊などが所属していた。

各師団に所属する旅団のうち、機甲旅団は戦車大隊3個と機械化歩兵大隊1個を、機械化旅団は戦車大隊1個と機械化歩兵大隊3個を、それぞれ主力としており、どちらも支援の重迫撃砲中隊、工兵中隊、コマンド中隊、化学防護小隊、補給・輸送中隊などが所属していた。また歩兵旅団は、歩兵大隊3個を主力としており、支援の迫撃砲中隊、コマンド中隊、化学防護小隊、補給・輸送中隊などが所属していた。

このうちの戦車大隊は、戦車中隊3個を基幹としており、戦車40～45両を保有。また、機械化歩兵大隊は、機械化歩兵中隊3個を基幹としており、歩兵戦闘車ないし装甲兵員輸送車40～45両を保有していた。したがって、機甲旅団は戦車120～140両と歩兵戦闘車ないし装甲兵員輸送車40～45両を、機械化旅団は戦車40～45両と歩兵戦闘車ないし装甲兵員輸送車120～140両を、それぞれ保有していたことになる。

大統領直属の共和国防衛隊の各師団は、所属する旅団の編制が陸軍の各師団と大きく異なっていた。具体的には、機甲旅団は戦車大隊3個と機械化歩兵大隊1個に加えて自走榴弾砲大隊2個、

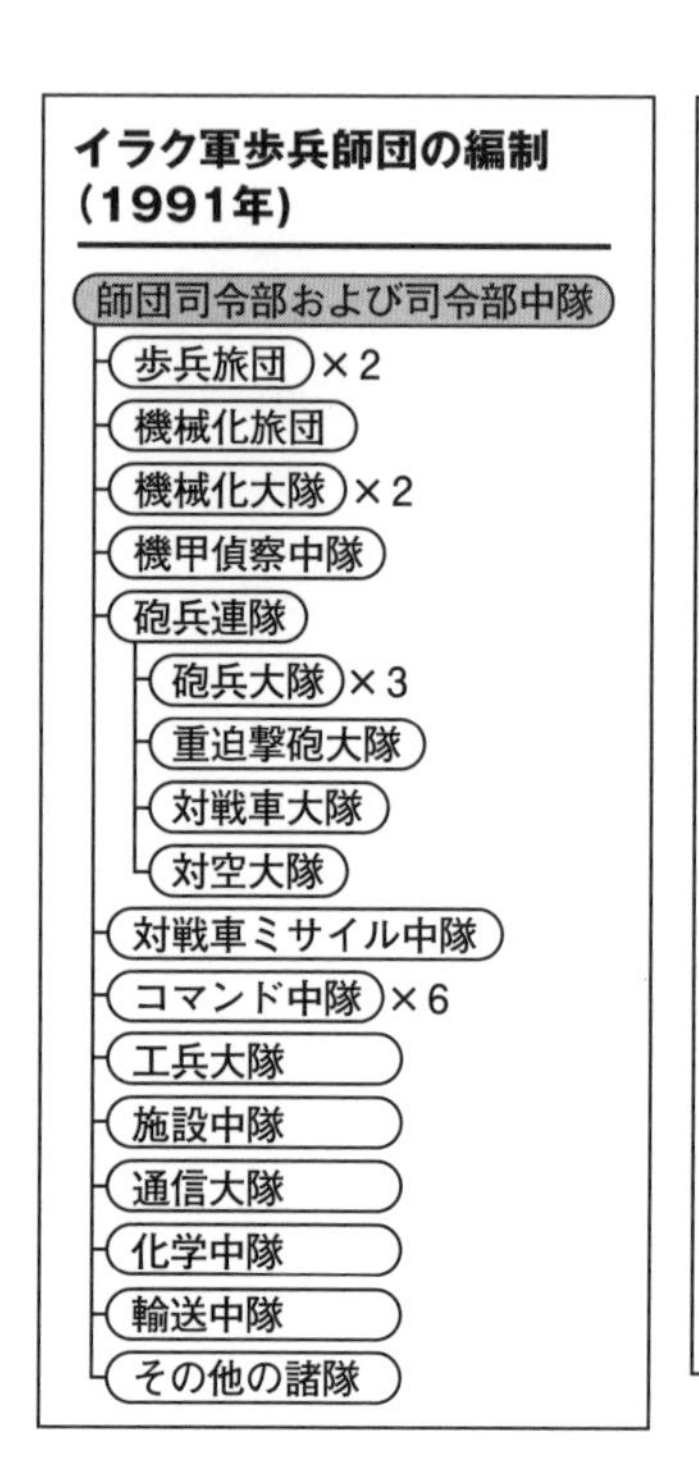

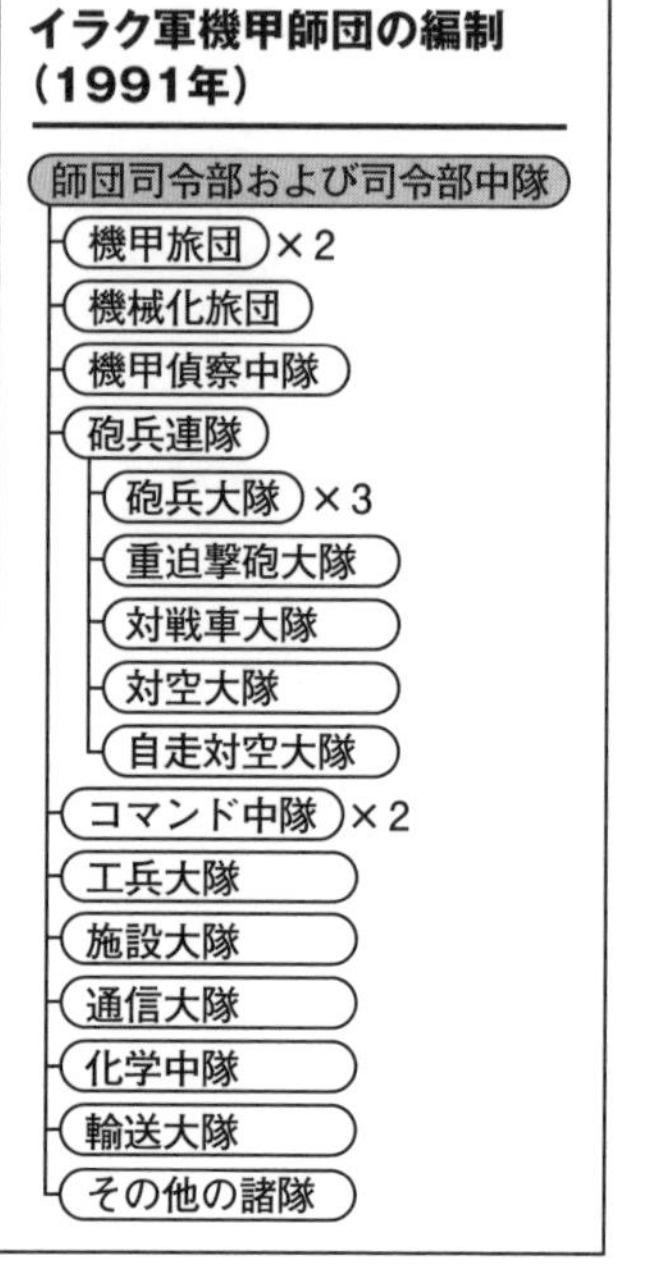

機械化旅団は戦車大隊1個と機械化歩兵大隊3個に加えて牽引式の榴弾砲大隊2個を基幹として、いずれも重迫撃砲中隊、工兵小隊、コマンド中隊、化学防護小隊、後送・警備小隊、補給・輸送中隊などが所属していた。また歩兵旅団は、歩兵大隊3個に加えて牽引式の榴弾砲大隊2個を基幹として、重迫撃砲中隊、コマンド中隊、工兵小隊、化学防護小隊、補給・輸送中隊などが所属していた。つまり、共和国防衛隊の各旅団は、陸軍の各旅団に比べて砲兵火力が大幅に強化されていたのだ。

　さらに、共和国防衛隊の機甲旅団や機械化旅団に所属する戦車大隊は戦車中隊4個基幹で、陸軍の戦車大隊よりも中隊数が1個多く、戦車の保有数も55〜60両と多かった。機械化歩兵大隊は、陸軍と同じく機械化歩兵中隊3個を基幹としていたが、歩兵戦闘車を装備しており、保有数も45〜50両と陸軍の機械化歩兵大隊よりやや多かった。

　イラク軍の戦車は、ソ連製のT-72主力戦車が約1000両、T-62中戦車が約1600両、T-54／55中戦車が約1400両（増加装甲を追加するなどのイラク独自の改良を加えた型や、ルーマニアによる独自発展型のTR-85-800を含む）、中国製の69式戦車が約1000両、T-54を中国でライセンス生産した59式戦車が約500両、合計でおよそ5500両ほどだったと見られている（数量は異説あり）。加えて、イラン・イラク戦争時にイ

イラク軍機械化旅団の編制（1991年）

- 旅団司令部
  - 機械化大隊（IFVまたはAPC×40～45）×3
  - 戦車大隊（戦車×44）
  - 重迫撃砲中隊（120mm迫撃砲×6）
  - コマンド中隊
  - 工兵中隊
  - 補給輸送中隊
  - 化学小隊

IFVは歩兵戦闘車、APCは装甲兵員輸送車。

イラク軍機甲旅団の編制（1991年）

- 旅団司令部
  - 戦車大隊（戦車×40～45）×3
  - 機械化大隊（IFVまたはAPC×40～45）
  - 重迫撃砲中隊（120mm迫撃砲×6）
  - コマンド中隊
  - 工兵中隊
  - 補給輸送中隊
  - 化学小隊

IFVは歩兵戦闘車、APCは装甲兵員輸送車。

イラク軍歩兵旅団の編制（1991年）

- 旅団司令部
  - 歩兵大隊×3
  - 迫撃砲中隊（迫撃砲×4～6）
  - コマンド中隊
  - 補給輸送中隊
  - 化学小隊

イラク共和国防衛隊　機甲旅団の編制（1991年）

- 旅団司令部
  - 戦車大隊（戦車×55～60）×3
  - 機械化大隊（歩兵戦闘車×45～50）
  - 自走榴弾砲大隊（自走榴弾砲×18）×2
  - 重迫撃砲中隊（120mm迫撃砲×6）
  - コマンド中隊
  - 工兵小隊
  - 警備後送小隊
  - 補給輸送小隊
  - 化学小隊

イラク共和国防衛隊　歩兵旅団の編制（1991年）

- 旅団司令部
  - 歩兵大隊×3
  - 榴弾砲大隊（榴弾砲×18）×2
  - 重迫撃砲中隊（120mm迫撃砲×6）
  - コマンド中隊
  - 工兵小隊
  - 補給輸送小隊
  - 化学小隊

イラク共和国防衛隊　機械化旅団の編制（1991年）

- 旅団司令部
  - 機械化大隊（歩兵戦闘車×45～50）×3
  - 戦車大隊（戦車×55～60）×1
  - 榴弾砲大隊（榴弾砲×18）×2
  - 重迫撃砲中隊（120mm迫撃砲×6）
  - コマンド中隊
  - 工兵小隊
  - 警備後送小隊
  - 補給輸送小隊
  - 化学小隊

イラク軍の戦車
T-72Mアサド・バビル
T-72Mをノックダウン生産したアサド・バビル（バビロンの獅子）は共和国防衛隊に集中して配備されてたんだね。主砲の有効射程は1800m、発射速度は4発／分くらい
複合装甲もなくて、M1A1に一方的に撃破されたけど…
中東の戦争ではおなじみ、『斬られ役』のT-62だ…
T-62
T-72
T-72のれんかばん
T-72は自動装填装置付きだけど、装填（弾丸→装薬）→最初の仰角に戻る→発砲→排莢→車外に投棄→砲身が装填に便利な仰角をとる→の1サイクルが約15秒だから、発射速度は1分間に4発なんだよね。手動装填より遅い…。

ラン軍から鹵獲したイギリス製のチーフテン主力戦車やアメリカ製のM47[*1]中戦車やM60[*2]主力戦車、クウェート進攻時にクウェート軍から鹵獲したチーフテン主力戦車などもあった。

イラク軍の戦術

イラク軍は、クウェートやイラク南部とサウジとの国境付近に「サダム・ライン」と呼ばれる重厚な防御陣地を構築していた。この陣地帯は、高さ数mの砂堤、鉄条網や地雷原、はては石油を流し込んで点火する火炎壕などの障碍(がい)物と、掩蓋を備えた塹壕や堡塁、掩体に隠された戦車や火砲、地対空ミサイルなどを組み合わせた奥行きの深いものだった。とくに地雷の敷設数は800万個以上と見られており、アメリカ軍側では突破時に最悪で部隊の4割を失う可能性もあると見積もっていたという。そしてイラク軍は、この陣地帯の後方には、反撃などのための予備兵力として、機動力に優れた共和国防衛隊の機甲師団や機械化師団などを配置していた。

多国籍軍側の見方では、イラク軍は、攻撃よりも防御を得意としていること、任務の達成には事前に詳細な計画を必要とすること、ドクトリンに忠実に戦うこと、などが特徴と

*1＝制式名称は90mm砲戦車M47（90mm Gun Tank M47）。
*2＝制式名称は105mm砲戦車M60（105mm Gun Tank M60）。

考えられていた。そして防御時には、敵部隊をあらかじめ準備した撃破地域（キル・ゾーン）に誘い込んで砲兵火力で減殺し、次いで機甲部隊で攻撃し撃破する、という戦い方が見込まれていた。

こうした防御陣地の構成や戦術は、イラン・イラク戦争での戦訓が大きな影響を与えていたと思われる。

アメリカ軍のおもな師団の編制と装備

多国籍軍の主力であるアメリカ陸軍の師団編制は、後述する「エアランド・バトル」ドクトリンとともに導入された「師団（ディヴィジョン）86」（86年型師団とも訳される）と呼ばれるものだった。

機甲師団（第1騎兵師団を含む）と歩兵師団（機械化）の編制定数は、1万6000〜1万7000名ほどで、イラク軍の師団にくらべると規模がやや大きかった。

これらの師団の基本的な編制は、旅団司令部3個、機甲師団では戦車大隊6個と機械化歩兵大隊4個、歩兵師団では戦車大隊5個と機械化歩兵大隊5個、防空砲兵大隊、工兵大隊、通信大隊、軍事情報大隊、化学中隊、憲兵中隊、155㎜自走榴弾砲M109を装備する野戦砲兵大隊3個と多連装ロケット・システム（MLRS）発射機M270を装備する

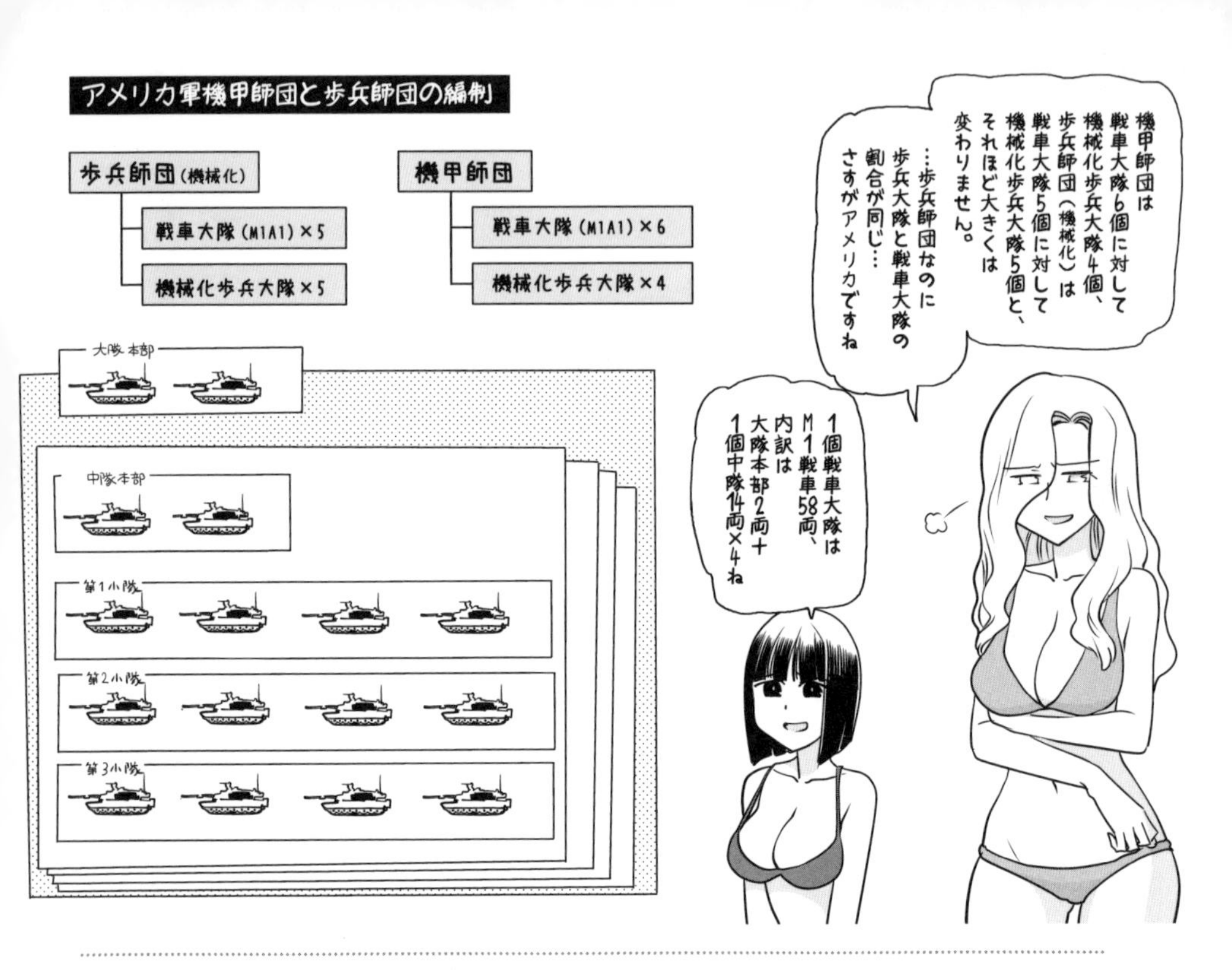

野戦砲兵中隊1個などが所属する師団砲兵(DIVARTY)、攻撃ヘリ大隊やM3ブラッドレー騎兵戦闘車などを装備する機甲騎兵大隊(実質は偵察大隊)などが所属する航空旅団、それに補給部隊や整備部隊などの後方支援部隊をまとめた師団支援コマンド(DISCOM)などで構成されていた。つまり、機甲師団と歩兵師団(機械化)は、戦車大隊と機械化歩兵大隊の比率がわずかに異なる程度で、ほぼ同じ編制だったのだ。

各師団に所属する戦車大隊は、戦車中隊4個を主力としており、M1エイブラムス主力戦車を58両装備していた。また機械化歩兵大隊は、M2ブラッドレー歩兵戦闘車を装備する機械化歩兵中隊4個とM901[*3]対戦車ミサイル車を装備する対戦車中隊1個を主力としていた。

M113装甲兵員輸送車の車台にTOWを搭載したM901対戦車ミサイル車

*3=制式名称は発展型TOW車M901(Improved TOW Vehicle M901)。TOWはBGM-71対戦車ミサイルのことでTube-launched,Optically-tracked,Wire-guidedの略。

アメリカ軍第82空挺師団の編制（1991年）

- 師団司令部および司令部中隊
  - 旅団司令部および司令部中隊 ×3
  - 空挺歩兵大隊 ×9
  - 航空旅団司令部および司令部中隊
    - 攻撃ヘリ大隊
    - 全般支援航空大隊
    - 機甲騎兵大隊
  - 師団砲兵本部および本部中隊
    - 野戦砲兵大隊（105mm榴弾砲） ×3
  - 師団支援隊本部および本部中隊
    - 補給および輸送大隊
    - 整備大隊
    - 衛生大隊
    - 航空整備中隊
  - 戦車大隊
  - 防空砲兵大隊
  - 工兵大隊
  - 通信大隊
  - 軍事情報大隊
  - 化学中隊
  - 憲兵中隊

アメリカ軍機甲師団の編制（1991年）

- 師団司令部および司令部中隊
  - 旅団司令部および司令部中隊 ×3
  - 戦車大隊 ×6
  - 機械化歩兵大隊 ×4
  - 航空旅団司令部および司令部中隊
    - 攻撃ヘリ大隊 ×2
    - 全般支援航空大隊
    - 機甲騎兵大隊
  - 師団砲兵本部および本部中隊
    - 野戦砲兵大隊（155mm自走榴弾砲） ×3
    - 野戦砲兵中隊（多連装ロケットシステム）
    - 目標捕捉中隊
  - 師団支援隊本部および本部中隊
    - 支援大隊 ×3
    - 補給および輸送大隊
    - 整備大隊
    - 衛生大隊
    - 資材管理センター
    - 管理中隊
  - 防空砲兵大隊
  - 工兵大隊
  - 通信大隊
  - 軍事情報大隊
  - 化学中隊
  - 憲兵中隊

歩兵師団（機械化）では戦車大隊と機械化歩兵大隊が各5個となる。実際には師団により多少の差異あり。

これ以外の師団の編制を見ると、たとえば第82空挺師団は、前述の機甲師団や歩兵師団に所属する戦車大隊や機械化歩兵大隊計10個の代わりに、軽装備で落下傘降下ができる空挺歩兵大隊9個と、軽量で空中投下可能なM[*4]551シェリダン空挺戦車を装備する戦車大隊が1個あった。そして師団砲兵は軽量で空輸可能な牽引式105㎜榴弾砲M119を装備するなど、前述の機甲師団や歩兵師団（機械化）とは編制がかなり異なっていた。

また、第101空挺師団（空中強襲）は、ヘリで空輸可能な軽装備の空中強襲歩兵大隊が9個あり、同師団所属の航空旅団は、所属する多用途ヘリ大隊の数が多く、他師団の航空旅団には無い大型の輸送ヘリを装備する輸送ヘリ大隊が所属しており、非常に大きなヘリボーン能力を持っていた。

これらの師団の作戦行動時には、各旅団司令部に、戦車大隊や機械化歩兵大隊、野戦砲兵大隊などを状況に応じて柔軟に配属して運用することになっていたが、それぞれの旅団司令部に配属される大隊は半ば固定される傾向が強かった。

次に戦車を見ると、アメリカ陸軍は、ペルシャ湾岸

*4＝制式名称は152mmガン・ランチャー機甲偵察／空挺強襲車M551（152mm Gun-launcher Armored Reconnaissance/Airborne Assault Vehicle M551）。

方面にM1[*5]主力戦車系列だけでもおよそ2300両を送り込んだ。このうちM1A1が約1180両、改修型のM1A1HA（Heavy Armor の略で重装甲の意）が約550両、それぞれ前線に投入されており、残りの約530両は予備として後方に置かれている。

加えて多国籍軍には、前述のM551空挺戦車やM60A3主力戦車（アメリカ海兵隊、サウジアラビア軍、バーレーン軍、エジプト軍）、イギリス製のチャレンジャー1主力戦車（イギリス軍）やチーフテンMk.5主力戦車（クウェート軍、オマーン軍）、フランス製のAMX-30主力戦車（サウジアラビア軍、UAE軍、カタール軍）と改良型のAMX-30B2主力戦車（フランス軍）、ユーゴスラビア製のM-84（クウェート軍）などがあった。

アメリカ軍の戦術

アメリカ軍は、冷戦時代に導入された「エアランド・バトル」ドクトリンにのっとって戦った。

このひとつ前のドクトリンは、1976年に導入された「アクティブ・ディフェンス」で、火力によって敵の物理的な戦力を消耗させる「火力／消耗戦」（ファイアパワー／アトリション・ウォーフェア）を志向していた。

*5＝制式名称は105mm砲戦車M1（105mm Gun Tank M1）または120mm砲戦車M1A1（120mm Gun Tank M1A1）。

湾岸戦争に参加したイギリス陸軍のチャレンジャー1主力戦車。損害無しで約300両のイラク戦車を撃破した

これに対して1983年に導入された「エアランド・バトル」は、各部隊が的確に連携し敵に勝る迅速さで行動して主導権を握り、敵の意志決定を混乱させて敵の戦力としてのバランスを崩し組織的な行動を取れなくするために、意思決定の速度や機動の速さを重視する「機動戦」（マニューバー・ウォーフェア）を志向していた。

そしてアメリカ軍は、事前の長期間の航空攻撃でイラク軍の地上部隊を叩いたのちに、地上部隊が、爆導索（敷設された地雷を爆破処理するための爆薬を多数結びつけたワイヤー）の投射や装甲戦闘ドーザー車、地雷原処理装置付の戦車などで敵陣地前の障碍物を処理し、時には敵歩兵を塹壕ごと埋め立てたり、戦車砲から発射された徹甲弾で掩体ごと敵戦車の装甲を貫通して撃破したりするなどして、イラク軍の陣地帯を突破。さらに空挺師団や空中強襲師団を敵戦線の後方奥深くに機動させるとともに、機甲師団などの主力が迅速に機動し、敵陣地帯後方に置かれていた共和国防衛隊などを打撃して大きな損害を与えた。

ようするにアメリカ陸軍は、冷戦時代にワルシャワ条約機構軍との戦いを念頭に置いたドクトリンでイラク軍と戦って、勝利を得たのだ。

湾岸戦争におけるアメリカ陸軍第24歩兵師団(機械化)のM2A1ブラッドレー歩兵戦闘車

まとめ

■イラク軍の機甲部隊と戦術

イラク軍の機甲部隊は、ソ連製や中国製の戦車やその改修型を主力としていた。

共和国防衛隊の各師団は、陸軍の各師団に比べて砲兵火力が強化されており戦車や歩兵戦闘車も多かった。

イラク軍は、クウェートやイラク南部とサウジとの国境付近に「サダム・ライン」と呼ばれる防御陣地を構築。その後方に予備として共和国防衛隊の機甲師団や機械化師団などを配置していた。

■アメリカ軍のドクトリンと作戦

アメリカ陸軍の第7軍団や第18空挺軍団は、各部隊が連携して迅速に行動して主導権を握り、敵の意志決定を混乱させて組織的な行動を取れなくする「エアランド・バトル」を展開。

とくに主力である第7軍団は、作戦開始前に西方にシフトし、迅速に機動してイラク軍の側面に回り込み、「サダム・ライン」後方に置かれていた共和国防衛隊に大きな損害を与えた。

日直
エリカ
セシル

第六講 イラク戦争

今回はついに21世紀の戦争イラク戦争だね
1991年の湾岸戦争で多国籍軍にボコられてクウェートから追い出されたイラクデスが

どっこいフセイン政権とイラク軍の相当な部分は
ピンピンしてまシタ
オレの勝チ～☆

で、12年後の2003年、米英などの有志連合軍は…
ボンッ…
やりのこしたことがある

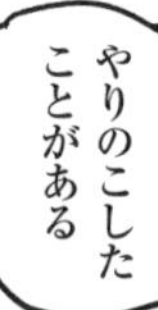

フセイン政権を打倒するため、「イラキ・フリーダム」作戦を発動し、イラク戦争が勃発！
「悪の枢軸」の一員フセインを滅す！

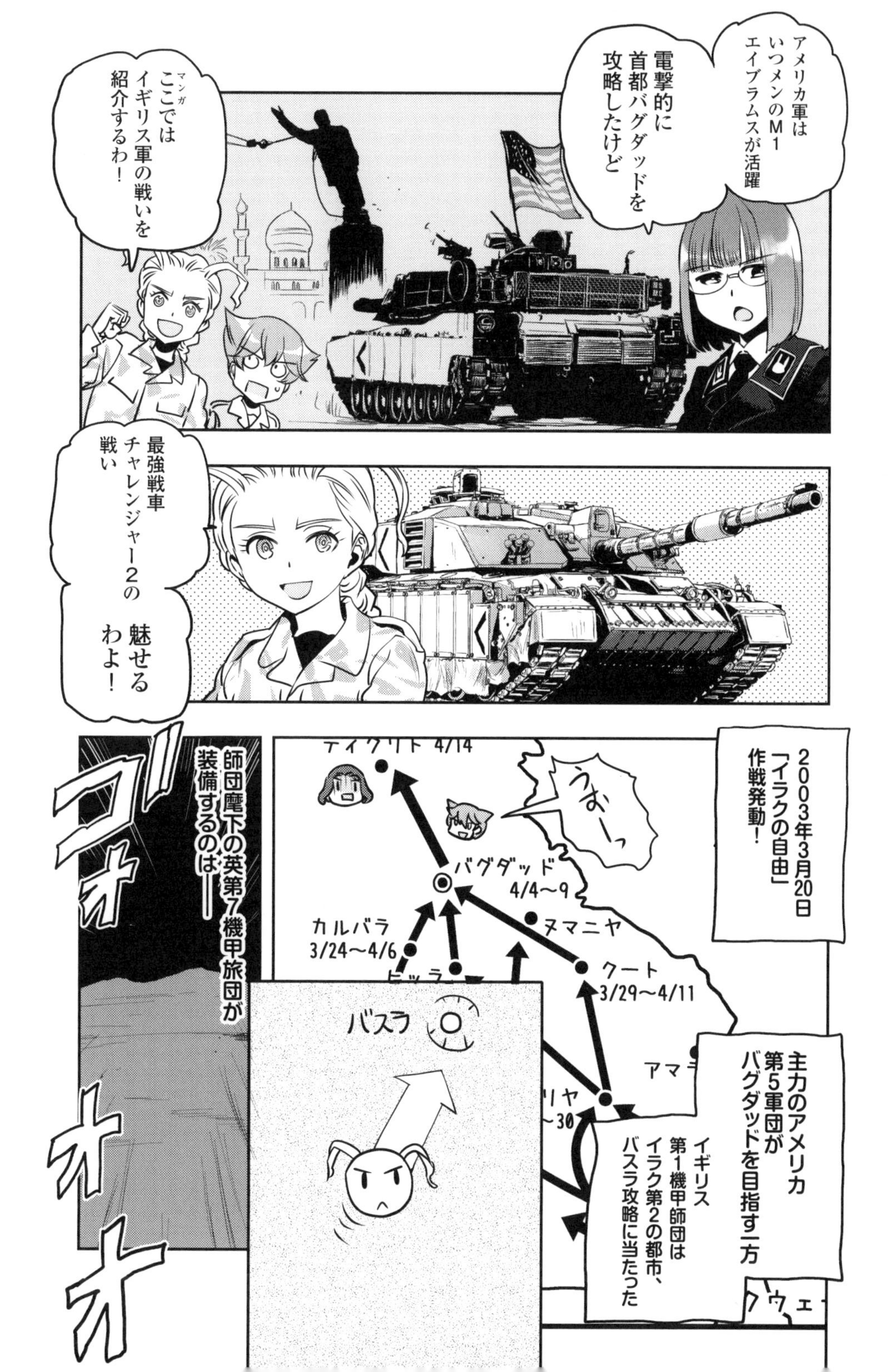
アメリカ軍はいつメンのM1エイブラムスが活躍
電撃的に首都バグダッドを攻略したけど
ここでは漫画イギリス軍の戦いを紹介するわ！
最強戦車チャレンジャー2の戦い
魅せるわよ！
2003年3月20日「イラクの自由」作戦発動！
ティクリト 4/14
うぉーっ
バグダッド 4/4〜9
カルバラ 3/24〜4/6
ヌマニヤ
クート 3/29〜4/11
アマ
主力のアメリカ第5軍団がバグダッドを目指す一方
イギリス第1機甲師団はイラク第2の都市、バスラ攻略に当たった
バスラ
クウェ
師団麾下の英第7機甲旅団が装備するのは——
ゴオォォ

ドロドロド
英最新戦車
チャレンジャー2！

アメリカ軍の電撃的な「サンダー・ラン」とは異なり
Hurry
バグダッド
Hurry

バスラ
じり…
じり…
バスラを包囲して慎重に攻略を進めていた英第1機甲師団

ズズズ…
バスラ
ファオ半島
英海兵隊のコマンド部隊が、石油資源の豊富なバスラ東南のファオ半島の確保に成功
ロイヤル・スコッツ近衛竜騎兵連隊C中隊のチャレンジャー2×14両は、それを援護するために派遣されていた

3月26日の夜、C中隊は王立工兵隊によって設置された浮橋（ポンツーン）でシャト・アル・アラブ河を渡河
ズズズズ
ファオ半島に展開

！
アテンション！
敵戦車！

そこへ、14両のイラク戦車が雑木林から集団で出現！
ギギギ
ヴロロロッ
逆襲だ！

T-55でチャレンジャー2と？
自転車が自動車に戦いを挑むようなものだぞ？

ドゴォ
ドガァ

チャレンジャー2 14両は
矢継ぎ早にT-55に
120㎜ライフル砲を
撃ち込み、
まったく無傷で
T-55 14両と
装甲兵員輸送車3両を
撃破した
ズズーズズ…

半世紀近くの
世代差って…
陸自で言えば
10式戦車と61式戦車が
やるような
もんだからね…

この戦闘は後に
「第二次世界大戦以来イギリス軍最大の戦車戦」と評されるようになったとのことです
せめてT−72ならね…
T−55なんてお爺ちゃんをムキムキなチャレンジャー2がボコって…オヤジ狩りみたいなので喜ばれても…
勝てばよかろうなのだァァァァッ!!
ズバッ
イエァァ!
…あと、バスラの戦いに関しては
チャレンジャー2のタフぶりを示すエピソードもあるわ
バスラの市街戦で…
ドーン
パーン
タタタ…
ヒュー

うわっ
外が見えないぞ
ドカカッ
操縦手の視察カメラ、ペリスコープが破壊され、後退を余儀なくされたが…
他の視察装置も損傷し、外部が見られなくなり、履帯が側溝にはまって身動きが取れない状態に
待ち伏せでRPGや機関銃の集中砲火にあったチャレンジャー2
動けません行動不能！
ギルン
ギルン
ミュガッ
14発のRPGとミラン対戦車ミサイル
それらを食らってもなお撃破されず、乗員は無傷だった

ガチャ
ゴト
味方が来るまで紅茶でも飲んでるかー
ギルン
その後友軍に収容され—
バキ

ドドド…
修理を受け6時間後には戦線復帰！
タフだぜチャレンジャー2！
イギリスの誇り！
さて
皆さんに大切なお知らせです
コホー

第二次大戦から現代戦史までやりきった「萌えよ！戦車学校」ですが
今回をもっていったんお終いといたします
最初の萌え戦単行本から19年間、ご愛読ありがとうございました！
やーえー
もっとヤレー
思えばMk.Ⅰ戦車からT-14〝アルマータ〟まで、いろいろ取り上げたわね～
18年…
そりゃ若い読者から「お父さんと一緒に読んでました」って言われるはずデス
続けられないの？
ネタがもう現在進行中の戦争しかなくてしばらくはムリ

これにて講義終了！
でもあともうちょっとだけ続くんじゃ

第六講 イラク戦争

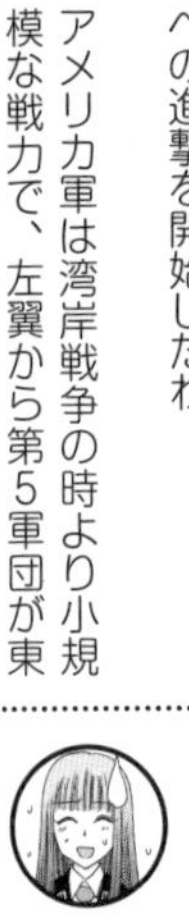

戦後編最終講のテーマは、2003年に勃発したイラク戦争よ。

ついに21世紀までたどり着いたんだね…。

さて、1991年の湾岸戦争ではクウェートは解放できたけど、フセイン政権は打倒できなかったんだよね。

で、2001年9月11日の同時多発テロ事件の影響もあって、アメリカ・イギリスは、大量破壊兵器の破壊、テロリストの駆逐、イラク国民のフセイン政権の圧制からの解放などを大義名分として、イラクへの攻撃を決断したのよ。

湾岸戦争の時はアメリカと一緒に戦ったフランスやアラブ諸国も、このときはさすがに無理筋だって反対しまシタが…

意に介さずアメリカ中心の有志連合軍は、2003年3月20日、「イラクの自由」作戦を発動、イラク領内への進撃を開始したわ。

アメリカ軍は湾岸戦争の時より小規模な戦力で、左翼から第5軍団が東に旋回しながらバグダッドを目指し

て、右翼からは第1海兵遠征軍がバグダッドに直進したんですね。

第5軍団は、M1A1戦車やM2歩兵戦闘車を多数装備する第3歩兵師団（機械化）が先頭に立って突進！

歩兵師団とは言っても実質的には機甲師団ですね。

対するイラク側は、最精鋭の共和国防衛隊の各師団がバグダッド周辺で防御に当たっていたけど…。

最大の戦いとなったカルバラの戦いでも、米第3歩兵師団（機械化）は「アル・メディナ」機甲師団を難なく撃破。第1海兵遠征軍の第1海兵師団もヌマニヤで「バグダッド」機械化師団と「アル・ニダ」機甲師団を粉砕し、首都バグダッドに向かったんだよ。

そして4月4日にはバグダッドに突入、「サンダー・ラン」と呼ばれる電撃的な進撃で中枢部を攻略、4月9日に首都を陥落させたのデスね。

で、ブッシュ大統領は5月1日に実質的な勝利宣言をしたけど…。

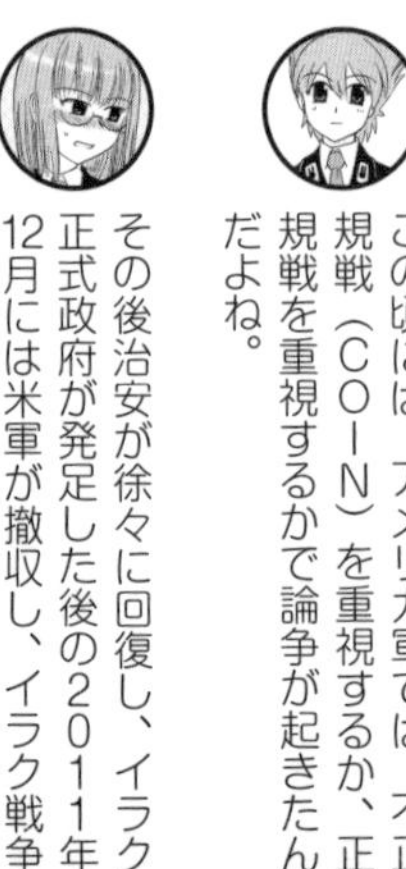

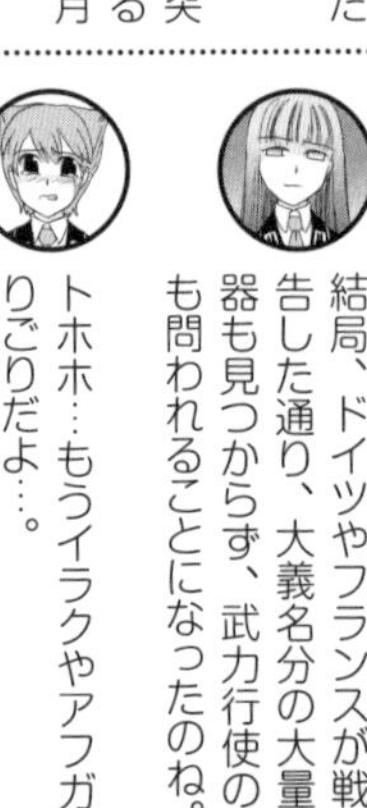
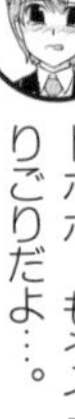

でも、それからのゲリラ・テロリスト・イラク軍残党などとの泥沼の不正規戦の方がずっと長く続いて、占領軍だけでなく、イラクの民間人にも大きな損害を出したのよ。

イラク正規軍との戦いではほぼ無敵だったM1エイブラムスも、不正規戦でのほうが多く失われています。

この頃には、アメリカ軍では、不正規戦（COIN）を重視するか、正規戦を重視するかで論争が起きたんだよね。

その後治安が徐々に回復し、イラク正式政府が発足した後の2011年12月には米軍が撤収し、イラク戦争はとりあえずは終わったのよ。

結局、ドイツやフランスが戦前に忠告した通り、大義名分の大量破壊兵器も見つからず、武力行使の正当性も問われることになったのね。

トホホ…もうイラクやアフガンはこりごりだよ…。

一時間目 イラク戦争

生き残ったイラク軍とフセイン大統領

1990年8月2日、イラク軍がクウェートへの進攻を開始し、湾岸戦争が始まった。しかし、イラク軍は、アメリカ軍を主力とする多国籍軍の攻撃で大きな損害を出すとともに、クウェートを奪回された。そして1991年4月6日、イラクは、生物化学兵器の破棄や核兵器の開発を行なわないなどの和平条件を定めた国際連合の安全保障理事会（以下「国連安保理」と略す）の決議（第687号）を受諾。これによって湾岸戦争は正式に終結したことになる。

ただし、この決議にはイラク軍の完全な武装解除は含まれておらず、多国籍軍による地上作戦がわずか4日間で終わったこともあって、イラク軍のとくに共和国防衛隊は相当部分が残存することになった。また、イラクのサダム・フセイン大統領は、イラクの統治を続けることになった。要するにフセイン体制は、湾岸戦争後もイラク軍の相当部分とともに生き残ったのだ。

イラクの国連査察への妨害と米英軍の空爆

湾岸戦争後のフセイン大統領は、大量破壊兵器の保持や製造を

生き残ったイラク軍とフセイン大統領

ほのめかして自らの影響力を保持しようとした。そしてイラク政府は、前述の国連安保理決議に沿った国連大量破壊兵器廃棄特別委員会（UNSCOM）や国際原子力機関（IAEA）による査察に対しても非協力的な態度をとった。

1995年8月、フセイン大統領の娘婿でイラクの大量破壊兵器の開発にも関わっていたフセイン・カーミル大将が家族とともにヨルダンに亡命し、国連にイラクの兵器開発に関する情報が大量にもたらされた。これを受けてUNSCOMやIAEAは、イラクへの抜き打ち査察を重視するようになる。

一方、アメリカの議会では、1998年10月に、イラクの反体制派に多額の援助を与えて体制転換を支援する「イラク解放法」が可決された。アメリカのフセイン体制打倒への動きは、イラク戦争の前から始まっていたのだ。

するとイラクは、同月末に国連の査察への協力を全面的に停止することを宣言。これに対して国連安保理は、同年11月にイラクを非難して査察への協力停止宣言の撤回を求める決議（第1205号）を採択したが、イラクは国連の査察に協力しなかった。

そこでアメリカとイギリスは、国連安保理決議を順守しなかったことなどを理由に、同年12月16日にアメリカ軍とイギリス軍あわせて航空機300機以上、艦艇40隻（いずれも支援用を含む）を投入して「デザート・フォックス」作戦を開始。イラク各地の軍事

施設などを目標として、艦艇から発射されるトマホーク巡航ミサイルを含む空爆を実施した。

それからおよそ1年後の1999年12月、国連安保理は、イラクに対する経済制裁の条件付き一時停止とともに、UNSCOMに代わる国連監視検証査察委員会（UNMOVIC）の設置を決議（第1284号）した。それでもイラクの国連査察への協力は得られなかった。

アメリカ同時多発テロとアフガニスタン進攻作戦

2001年9月11日、アメリカのニューヨークやワシントンなどで、国際テロ組織であるアルカイダによる同時多発テロ事件が発生し、多数の死傷者が出た。アメリカ政府は、すぐにアフガニスタンのタリバン政権（アフガニスタン・イスラム首長国）[*1]に対して、アルカイダの指導者であるウサマ・ビン・ラディンらの引き渡しを求めた。だが、タリバン政権は、同時多発テロ事件とビン・ラディンらの関係が明確ではないとして、アメリカの要求を拒否した。

一方、国連安保理は、9月11日の同時多発テロ事件に対応して、個別的・集団的自衛権を認識し、あらゆる必要な手順をとる用意があることを表明する決議（第1368号）を採択した。また、アメリカ、イギリス、ドイツなどが加盟するNATO（北大西洋条約機構）は、加盟国に対する武力攻撃（この場合はアメリカへのテロ

*1＝タリバン政権を承認していたのはパキスタン、サウジアラビア、アラブ首長国連邦のみで、国連の代表権は北部同盟側のアフガニスタン・イスラム国政権が保持していた。

攻撃）を加盟国全てに対する武力攻撃とみなす、同条約の第5条を初めて発動することになった。

そして2001年10月7日、アメリカ軍は「エンデュリング・フリーダム」作戦を開始。巡航ミサイルを含む空爆を中心として、アフガニスタンで有志連合側についた北部同盟（正式にはアフガニスタン救国・民族イスラム統一戦線。アフガニスタンの北東部を支配していた）などの地上部隊とともに、タリバン政権軍に対する攻撃を始めた。

その後、アメリカを中心とする有志連合の各国軍による対テロ作戦は、アルカイダが活動する世界の各地へと広がっていくことになる。

有志連合軍によるイラク進攻作戦の開始

アフガニスタンで作戦を開始してからおよそ1カ月後の11月12日、タリバン政権軍は、首都カブールを放棄して撤退。次いで同年12月7日には、アフガニスタン南部の要衝でタリバンの本拠地であるカンダハルの南方でタリバン政権軍の主陣地が陥落し、タリバン政権は事実上崩壊した。実は、この少し前からブッシュ大統領の指示により、国防総省でイラクに対する作戦計画の準備が本格的に始まっていた。

そして2003年3月20日、アメリカ軍を中心とする有志連合

軍は「イラキ・フリーダム」作戦を開始。大規模な地上部隊がイラクに進攻し始めた。戦争の目的は、フセイン政権を終わらせて、大量破壊兵器を破壊し、テロリストを駆逐し、イラク国民による自治政府作りを支援すること、などだった。

この作戦の計画立案の途中で、クウェート方面から北上する部隊に加えて、トルコ方面から南下する部隊が追加されていた。ところが、作戦開始直前の3月初めにトルコ議会で、国内のアメリカ軍基地をイラク攻撃に使うことを認める決議案が否決されてしまった。そのため、アメリカ陸軍の第4歩兵師団（機械化）など同方面からの進攻が予定されていた部隊は、のちにクウェート方面に移動してからイラクに投入されることになる。

イラクの首都バグダッドへの進撃

クウェート方面から北上を開始した有志連合軍の地上部隊のうち、第1機甲師団（イギリス）を主力とするイギリス軍部隊は、やや慎重に戦いを進めて、たとえば南部の要衝バスラの中心部を確保するのに4月7日までかかっている。

これとは対照的にアメリカ軍部隊の主力は迅速に進撃。海兵隊の第1海兵遠征軍の主力は3月21日夜にはナシリアに、陸軍の第5軍団は翌22日にはサマワに、23日夕方にはナジャフに、それぞれ達している。

イラク地上軍の配置

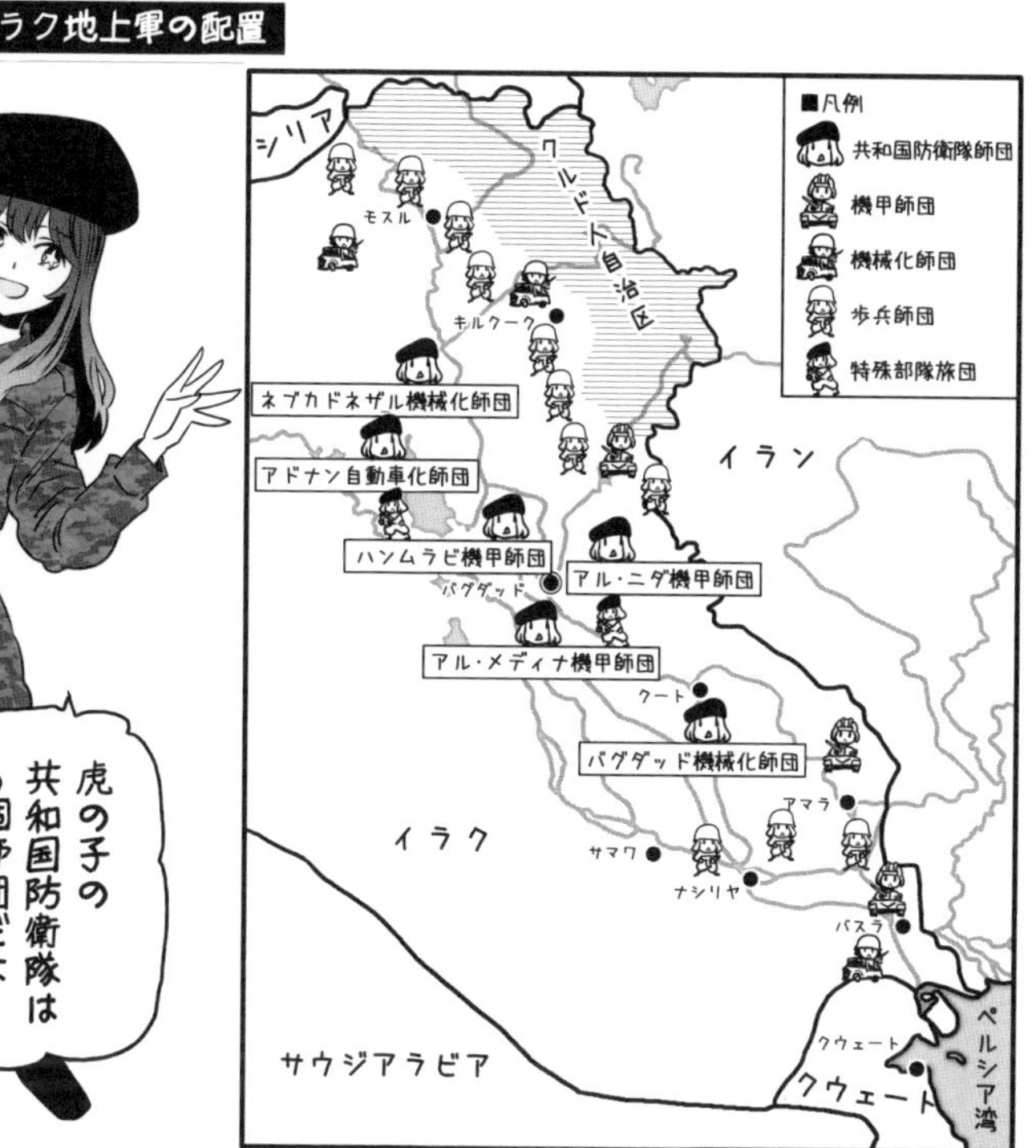

ところが、この頃から砂嵐が吹き荒れ始めて戦闘は停滞。ナジャフでは、第5軍団の主力とイラク軍の3000名規模の民兵部隊との戦闘が続いた。それでも第5軍団主力は、同月28日までにイラク軍のおもな抵抗拠点を潰すと、残敵の掃討を第101空挺師団の主力にまかせて、第3歩兵師団(機械化)に北上を続けさせた。

一方、イラク北部のクルド人自治区では、この間の3月26日に、アメリカ中央特殊作戦軍の統合特殊作戦任務部隊(タスク・フォース。以下「TF」と略す)「ヴァイキング」に編合された陸軍の第173空挺旅団の一部がバシュール飛行場付近に落下傘降下し、これを占領。後続部隊をC-17輸送機で送り込むなどして、イラク北部の制圧を開始している。

話をバグダッドの南方に戻すと、第5軍団の第101空挺師団の一部や第3歩兵師団(機械化)は、3月28日夜からカルバラやヒンディーヤ近辺でイラク軍の精鋭である共和国防衛隊の「アル・メディナ」機甲師団や「ネブカドネザル」機械化師団の一部などを攻撃。これらに甚大な打撃を与えると、第3歩兵師団(機械化)は、カルバラの掃討を第3旅団にまかせて、第1および第2旅団を北上させた。そして両旅団は、4月2日

バスラの戦い

最新鋭の第3.5世代戦車・チャレンジャー2を擁するイギリス第7機甲旅団は南部の大都市バスラを攻撃したわ
バスラはシーア派の反フセイン勢力が多く（フセイン大統領はスンニ派）、包囲下では住民の反フセイン蜂起が起きたのよ。
イラク第51機械化師団が抵抗したけど、チャレンジャー2が無傷でT-55戦車15両を撃破するなど戦力差は歴然…
それでもイギリス軍は慎重に攻略し、4月7日にようやくバスラを制圧したのね

最強の攻撃ヘリ・アパッチが苦戦

空挺部隊によるイラク北部の制圧

カルバラの戦い

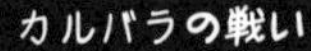

「サンダー・ラン」によるバグダッド制圧

4月5日、第2旅団麾下の第64機甲連隊第1大隊A中隊のスティーヴォン・ブッカー二等軍曹のM1A1は、国際空港に入る手前でロケット弾を被弾して機関銃が使用不能に。ブッカー戦車長はM4カービンで戦っていたけど、銃弾を浴びて戦死したんだね…。

その功績をたたえて、2023年6月、開発中だった105mm砲搭載のグリフィンII戦闘車が制式採用された際、第二次世界大戦中に戦死したロバート・ブッカー二等兵とあわせて、「M10ブッカー」と命名されたの。

にサルマン・アル・フサインでユーフラテス河を渡り、バグダッドに迫った。

また、第1海兵遠征軍の第1海兵師団は、ほぼ同じ頃にバグダッドの南東およそ150㎞にあるクートに達し、航空部隊による対地攻撃とともに共和国防衛隊の「アル・ニダ」機甲師団や「バグダッド」機械化師団を撃破すると、バクダッドに向かって進撃を続けた。

4月3日夜、第3歩兵師団（機械化）の第1旅団が、バグダッドの東南郊外にあるサダム国際空港に到達。翌4日には、同師団の第2旅団に所属するTF「ローグ」（第64機甲連隊第1大隊基幹）が、バグダッドの南方郊外から市街地を経て空港まで突破した。さらに同月7日には、そのTF「ローグ」に加えて同じく第2旅団に所属するTF「タスカー」（第64機甲連隊第4大隊基幹）がバグダッドの中心部に突入し、TF「タスカー」が大統領宮殿を占領した。これらの電撃的な襲撃は「サンダー・ラン」としてよく知られている。そして4月9日には、第3歩兵師団（機械化）と第1海兵遠征軍の主力による大規模な攻撃によって、バグダッドの全域をほぼ制圧した。

その後、有志連合軍は、4月11日に北部の要衝であるモスルを確保し、同月14日にはフセイン大統領の故郷であるティクリットを占領。5月1日には、ブッシュ大統領が、アメリカ海軍の空母「エイブラハム・リンカーン」艦上での演説で、イラクにおける大規模な戦闘の終結を宣言している。

長引く不正規戦

イラクのフセイン大統領は、一時行方不明となったが、同年12月13日にティクリット近くでアメリカ軍に捕らえられた。そして2004年6月末にはイラクの暫定政府に引き渡されて、裁判が行われたのち、同年12月30日に処刑された。

だが、イラクでは、その後も各宗派や各部族などが絡み合った対立が続き、有志連合軍やイラク新政府の治安部隊などと現地の武装勢力との不正規戦が長引くことになった。とくに2004年11月7日にファルージャで始まった3000名規模の武装勢力の掃討作戦は、市街地での激しい戦闘となり多くの犠牲者が出ている。

それでもイラクの民主化のプロセスは不安定ながらも進行し、2006年5月には正式政府と呼ばれるヌーリー・マリキ政権が発足した。そして2010年8月、アメリカのバラク・オバマ大統領は、これに先立ってアメリカ軍の戦闘部隊がイラク国内から完全に撤退したことを受けて、イラク戦争の終結をあらためて宣

言。2011年12月には、イラク軍の訓練のために残留していたアメリカ軍の教育部隊も撤退を完了した。*

2003年11月13日、バグダッドの「勝利のアーチ」の下で記念写真に写るアメリカ陸軍第1機甲師団第2旅団第35機甲連隊第1大隊A中隊のM1A1主力戦車。「勝利のアーチ」はイラン・イラク戦争後に建てられたもので、モニュメントの手と腕はサダム・フセインのものをモデルにしていた

二時間目 イラク軍と有志連合軍のおもな部隊の編制と戦術

イラク軍のおもな地上部隊と戦車

イラク戦争時のイラク軍に関しては不明瞭な点が多く、西側の専門機関やアメリカの諜報機関および軍の推定や見積もりが中心となっていることをご了承いただきたい。

西側の専門機関では、開戦時のイラク軍の陸上兵力は35万～37万5000名、陸軍が5個軍団基幹、大統領直属の共和国防衛隊が2個軍団基幹、と推定していた。そしてアメリカ側は、陸軍が機甲師団3個、機械化師団3個、歩兵師団11個の計17個師団を、フセイン大統領直属の共和国防衛隊が機甲師団3個、機械化師団2個、歩兵師団1個の計6個師団を、それぞれ主力としており、各師団の編制や戦力は師団ごとに大きく異なる、と見ていた。

湾岸戦争時には、イラク軍の陸上兵力が約95万5000名、陸軍が計51個師団、共和国防衛隊が計8個師団と見られていたので、兵力も師団数も大きく減少していたことになる。

イラク軍の戦車に関しては、アメリカ側は、合計で2200～2600両を保有しており、このうち1800～2000両程度が戦闘可能な状態にある、と見積もっていた。このうち、比較的新

*その後、2014年6月からISIL(イスラム国)のイラク北部への攻撃に対抗して、ふたたびアメリカ軍を派遣している。

しいソ連製のT-72主力戦車は500~600両、T-62中戦車は200~300両で、残りは旧型のT-54/55中戦車（イラク独自の改良型やルーマニアによる独自発展型を含む）などと推定していた。イラク側は、湾岸戦争後に戦車の暗視装置の近代化などの改良を加えた、と主張していたが、実際はほとんど行われていなかったようだ。

イラク軍の戦術

前講でもみたように、湾岸戦争では、イラク軍は「サダム・ライン」と呼ばれる重厚な防御陣地を構築。アメリカ側は、敵の地上部隊をあらかじめ準備した撃破地域（キル・ゾーン）に誘い込んで砲兵火力で減殺（げんさい）し、次いで機甲部隊で攻撃し撃破する、という戦い方を見込んでいた。

しかし、イラク軍の地上部隊は、本格的な地上戦に先立って多国籍軍の航空部隊による対地攻撃で徹底的に叩かれ、その防御陣地は、アメリカ軍を主力とする多国籍軍の地上部隊に容易に突破されてしまった。

そしてイラク戦争前の1995年12月、イラク軍（共和国防衛隊を含む）の上層部とフセイン大統領が会談した際に、共和国防衛隊の司令官であるラード・ハムダニ中将は、湾岸戦争の教訓を踏まえた新しい編制や戦い方を提案していた。具体的には、編制規模の大きな部隊はハイテク兵器を多数保有しているアメリカ軍に撃破されてしまうので意味がない。そこで重装備の機甲部隊ではなく、小部隊に分散してゲリラ的に抵抗できる軽歩兵部隊を編成すべき、と主張したという。

だが、フセイン大統領は、もしイラク軍が重装備を保持していなければ湾岸戦争でイラクが勝利することはなかった、と主張

イラク軍地上部隊の戦闘序列(2003年3月)

（イラク北部）
- 第1軍団
  - 第2歩兵師団
  - 第5機械化師団
  - 第38歩兵師団
- 第5軍団
  - 第1機械化師団
  - 第4歩兵師団
  - 第7歩兵師団
  - 第16歩兵師団

（イラク東部）
- 第2軍団
  - 第3機甲師団
  - 第15歩兵師団
  - 第34歩兵師団

（イラク南部）
- 第3軍団
  - 第6機甲師団
  - 第11歩兵師団
  - 第51機械化師団
- 第4軍団
  - 第10機甲師団
  - 第14歩兵師団
  - 第18歩兵師団

- 共和国防衛隊司令部
  - 第1軍団
    - 第2機甲師団「アル・メディナ」
    - 第5機械化師団「バグダッド」
    - 第7自動車化師団「アドナン」
  - 第2軍団
    - 機甲師団「アル・ニダ」
    - 第1機甲師団「ハンムラビ」
    - 第6機械化師団「ネブカドネザル」
  - 特別共和国防衛隊

※主要部隊のみ。「アル・ニダ」師団の番号は不詳。資料により差異あり。

イラク軍のおもな地上部隊と戦車
イラク軍の戦力は、湾岸戦争時の59個師団約95万名、戦車約5800両から…
2003年には23個師団約35万名、戦車約2200両に激減していると見られていました
イラク軍の最強戦車は湾岸戦争時と同じくT-72"アサド・バビル"だよ…
1/3に…
23個師団 35万人
59個師団 95万人
半分…
2200両
5800両
2003年
1992年

イラク軍の戦術
米軍の航空攻撃に事前に叩かれる重厚長大な機甲部隊は減らして、小回りの利く小規模な軽歩兵部隊をそろえましょう
機甲部隊がいたから湾岸戦争で米軍に勝てたんだぞ！次も戦車部隊で迎え撃つ！
ヤダ!!
サダムのおじさん、湾岸戦争で勝ったと思ってたんだ…
サダム・フセイン大統領
共和国防衛隊 ハムダニ中将

し、この提案を拒否したことが伝えられている（つまりフセイン大統領は湾岸戦争の結果を勝利と捉えていたわけだ）。

結局、イラク軍は、湾岸戦争以後も従来の戦い方を公式に維持することになった。

アメリカ軍のおもな地上部隊と戦車

イラク戦争で有志連合軍の主力となったアメリカ中央軍は、中央陸軍（第3軍）、中央海軍（第5艦隊）、中央空軍（第9航空軍）、中央海兵隊、中央特殊作戦軍を基幹としていた。

当初の対イラク戦争計画は、湾岸戦争と同様に、7カ月ほどかけて陸軍と海兵隊計6個師団約50万人を集めて、大規模な地上戦に先立って徹底的な航空攻撃を行なう、というものだった。

これに対してアメリカ軍の「トランスフォーメーション（改革）」を進めていたドナルド・H・ラムズフェルド国防長官は、中央軍司令官であるトミー・R・フランクス大将と既存の計画を吟味したうえで「枠を外して考えられるグループを発足させてくれ」と抜本的な再検討を命じた。その結果、開戦時の兵力を大幅に減らして準備期間を短縮し、本格的な地上戦と航空攻撃を同時に開始することになった（こうした方向性はイラク戦争後にアメリカ陸軍が打ち出す「マルチドメイン・オペレーションズ」ドクトリンにも少なからぬ影響を与えているように感じられる）。

進攻開始からおよそ1カ月後の4月19日時点で、中央陸軍（第3軍）の兵力は、当初はトルコ方面から進撃予定でのちにクウェート方面に転進してきた第4歩兵師団（機械化）などを含めて約23万３０００名となった。これは湾岸戦争時の兵力（およそ30万名）の８割近くにあたるが、結果的には大規模な戦闘の終了後にイラク国内の治安を早急に回復するには不十分だったといえる。

中央陸軍の主力であるアメリカ陸軍の師団編制を見ると、基本的には湾岸戦争と大きく変わらないものだった。具体的にいうと、各師団には（航空旅団に加えて）旅団司令部3個が所属しており、その下に戦車大隊や機械化歩兵大隊、野戦砲兵大隊などを状況に応じて柔軟に配属して運用する、というものだ。このうちの歩兵師団（機械化）と機甲師団は、戦車大隊と機械化歩兵大隊の比率がわずかに異なるだけで、どちらも実質的には機甲師団といえる。ただし、たとえば第１０１空挺師団（空中強襲）は、湾岸戦争後の１９９７年に、隷下の航空旅団を第１０１航空旅団（攻撃）と第１５９航空旅団（強襲）の計2個旅団に分割するなど、いくつかの改編も行われていた。

戦車に関しては、アメリカ軍のM１A１エイブラムズ主力戦車が第3歩兵師団（機械化）に約３２０両、第1海兵遠征軍に約１５０両、あわせて約４７０両、イギリス軍のチャレンジャー1主力戦車（チャレンジャー2主力戦車の改良型）が第1機甲師団に

イラク戦争
アメリカ軍の兵力
湾岸戦争と同じだと50万人必要か…
でも誘導兵器とか無人偵察機とか使って、特殊部隊が敵地で工作して、IT技術を使って陸海空部隊が緊密に連携すれば、
少数精鋭の5万人くらいで大丈夫じゃないか？
ペかー！
時代はIT！
RQ-4グローバルホーク
誘導爆弾GBU-12
特殊部隊
ラムズフェルド国防長官
いやあ、さすがに25万人くらいいないと危険かと…汗
結局、2003年3月までに約20万人の米軍部隊が湾岸に派遣されたのよ。これでも戦後の治安戦には不十分だったけど…
ラムズフェルドのやろう…
フランクス大将

米英軍のおもな戦車
湾岸戦争と同じくM1A1が主力だけど、C4I能力を加えたM1A2も登場してるよ！
M1A2
チャレンジャー2
C4I能力を備えたイギリスの新型戦車・チャレンジャー2も初めて実戦に投入されたわ！

アメリカ陸軍第3歩兵師団（機械化）の「イラキ・フリーダム」作戦時の編成（2003年3月17日）

- 師団司令部
  - 第1旅団
    - 第7歩兵連隊第2大隊
    - 第7歩兵連隊第3大隊
    - 第69機甲連隊第3大隊
  - 第2旅団
    - 第15歩兵連隊第3大隊
    - 第64機甲連隊第1大隊
    - 第64機甲連隊第4大隊
    - 第9騎兵連隊E中隊
  - 第3旅団
    - 第30歩兵連隊第1大隊
    - 第15歩兵連隊第1大隊
    - 第69機甲連隊第2大隊
    - 第10騎兵連隊D中隊
  - 師団航空旅団
    - 第3航空連隊第1大隊
    - 第3航空連隊第2大隊
    - 第7騎兵連隊第3大隊
  - 師団砲兵
    - 第9野戦砲兵連隊第1大隊
    - 第10野戦砲兵連隊第1大隊
    - 第39野戦砲兵連隊第1大隊
    - 第41野戦砲兵連隊第1大隊
  - 師団工兵旅団
    - 第10工兵大隊
    - 第11工兵大隊
    - 第317工兵大隊
  - 第3防空砲兵連隊第1大隊
  - 第123通信大隊
  - 第103軍事情報大隊
  - 師団支援コマンド
    - 第3前方支援大隊
    - 第26前方支援大隊
    - 第203前方支援大隊
    - 第603航空支援大隊
    - 第92化学中隊
  - 第24軍団支援群
    - 第3人事支援大隊
    - 第87軍団支援大隊
    - 第92工兵大隊（戦闘）
    - 第260需品大隊
    - 第559需品大隊

※主要部隊のみ。軍団直轄部隊等からの配属部隊を含む。

有志連合軍地上部隊の戦闘序列（2003年3月）

- アメリカ中央軍（トミー・R・フランクス大将）
  - 中央陸軍／第3軍（デビッド・D・マキアーナン中将）
    - 第5軍団（ウィリアム・S・ウォレス中将）
      - 第3歩兵師団（機械化）
        - 第1旅団
        - 第2旅団
        - 第3旅団
        - 航空旅団
        - 工兵旅団
      - 第101空挺師団（空中強襲）
        - 第1旅団
        - 第2旅団
        - 第3旅団
        - 第101航空旅団
        - 第159航空旅団
      - 第82空挺師団
        - 第2旅団
      - 第18航空旅団
      - 第11航空連隊任務部隊
      - 第1機甲師団
        - 第3旅団（第41歩兵連隊第1大隊など一部）
      - 第1歩兵師団（第26歩兵連隊第1大隊など一部）
    - 第1海兵遠征軍（中央陸軍の作戦指揮下）
      - 第1海兵師団
        - 第1海兵連隊
        - 第5海兵連隊
        - 第7海兵連隊
      - 第2海兵遠征旅団
      - 第15海兵遠征隊
      - 第24海兵遠征隊
    - 第1機甲師団（イギリス）（中央陸軍の作戦指揮下）
      - 第7機甲旅団
      - 第16空中強襲旅団

※中央特殊戦軍の所属部隊（第173空挺旅団も中央特殊作戦軍の統合特殊作戦任務部隊「ヴァイキング」に編合された）を除く。連隊ないし海兵遠征隊以上の主要戦闘部隊のみ。加えて、トルコに第4歩兵師団（機械化）などがいた。

約120両、合計で約590両があった（加えてトルコから転進することになる第4歩兵師団（機械化）にM1A1主力戦車とその改良型のM1A2主力戦車が約250両あった）。

すでに湾岸戦争では、M1A1主力戦車やチャレンジャー1主力戦車がイラク軍の戦車を圧倒した実績があり、イラク戦争でも有志連合軍の戦車がイラク軍の戦車に対して優位に立っていた。

アメリカ軍の戦術

イラク戦争では、航空部隊による精密誘導兵器を多用した対地攻撃が大きな威力を発揮した。たとえば3月28日から30日には、イラク軍の共和国防衛隊に所属する「ハンムラビ」機甲師団や「アル・メディナ」機甲師団に対して、精密誘導爆弾を2000発以上投下している。また4月2～3日には攻撃機や爆撃機を延べ1300機も出撃させており、アメリカ側は4月3日までにイラク軍の戦車を少なくとも1000両撃破したと判定している。

地上戦（大規模な地上戦が終了した後の小規模な不正規戦をのぞく）に関しては、アメリカ陸軍の各部隊は、冷戦時代に導入されて湾岸戦争でも成果をあげた機動戦（マニューバー・ウォーフェア）志向の「エアランド・バトル」ドクトリンと、根本的には

大きく変わらない戦い方を展開した。もう少し細かくいうと、各部隊が的確に連携し、敵に勝る迅速さで行動して主導権を握り、敵の意志決定を混乱させて敵の戦力としてのバランスを崩し、組織的な行動を取れなくする。そのために、意思決定や機動の速さを重視する戦い方だ。

具体的な作戦のレベルでは、陸軍の第5軍団は、激しい砂嵐で戦闘が停滞したナジャフを除いて、イラク軍の拠点の占領を第82空挺師団や第101空挺師団などにまかせて、実質的には機甲師団といえる第3歩兵師団（機械化）をバグダッドに向けてどんどん前進させていった。そしてバグダッドでは、第3歩兵師団（機械化）は、戦車大隊を基幹とする任務部隊（タスク・フォース）による電撃的な襲撃、いわゆる「サンダー・ラン」を活用して、市街地を1ブロックずつ掃討していくような泥沼の市街戦に陥ることなく、首都の重要目標を迅速に確保している。

戦車戦に関しては、前述したように有志連合軍の精密誘導兵器を多用した航空攻撃によって、イラク軍のおもな機甲部隊が大きな損害を出しており、大規模な戦車戦はあまり起きなかった。イラク南部のバスラ郊外で、チャレンジャー2主力戦車を装備するイギリス軍の第7機甲旅団がイラク軍の第51機械化師団のT-55中戦車を20両撃破しており、これがおそらく最大規模の戦車戦だったと思われる。

アメリカ軍の戦術

イラク戦争では機動力や攻撃力が高い米第3歩兵師団（機械化）が、都市の占領は後続部隊に任せて、どんどんバグダッドまで突進していったの。21世紀アメリカ版電撃戦ね

第3歩兵師団

バグダッド 4/4〜9
イラン
ヌマニヤ
カルバラ 3/24〜4/6
ヒッラ
クート 3/29〜4/11
ナジャフ 3/23〜4/7
サマワ
アマラ
ナシリヤ 3/22〜30
バスラ 3/22〜4/7
ウムカスル 3/21〜25
地上進攻開始 3/20
クウェート

バグダッド攻略戦でも、米第3歩兵師団（機械化）のタスクフォースが電撃的に重要拠点を落とす『サンダー・ラン』作戦で、迅速に首都を制圧したのよ

スターリングラードみたいな泥沼の市街戦にはならずによかったわ…

作戦目標
政権中枢部
4/5 1st サンダー・ラン
4/4
第3歩兵師団（機械化）第1旅団
第3歩兵師団（機械化）第2旅団

全体的に見ると、イラク軍の戦車は、湾岸戦争と同じく、有志連合軍の戦車にほとんど対抗できなかったといえる。

2005年2月3日、イラクのトール・アファル市で戦闘哨戒に当たるアメリカ陸軍第3機甲騎兵連隊のM1A2主力戦車

まとめ

■イラク軍の陸上兵力と戦術

イラク軍の陸上兵力は、湾岸戦争時に比べると大きく減少。

湾岸戦争後に、軍側から軽装備で分散してゲリラ的な抵抗の可能な軽歩兵部隊の編成も提案されていたが、フセイン大統領は受け入れず、部隊の編制や戦術は従来のままとなった。

戦車の近代化も進んでおらず、有志連合軍の戦車に対抗することはむずかしかった。

■アメリカ軍の陸上兵力と作戦

アメリカ中央軍は、ラムズフェルド国防長官の意向で、開戦時の兵力を大幅に減らして準備期間を短縮し、本格的な地上戦と航空攻撃を同時に開始。中央陸軍(第3軍)は、精密誘導兵器を多用する対地航空攻撃に支援され、電撃的な快進撃を見せて短期間でイラクの首都バグダッドを確保した。

その後、同軍の兵力は湾岸戦争時の8割近くに達したが、それでも大規模戦闘の終了後にイラク国内の治安を早急に回復するには不十分で、武装勢力との不正規戦が長く続くことになった。

特別講義 アフガニスタン戦争

一時間目 ソ連のアフガニスタン介入

アフガニスタンの4月革命

第四次中東戦争の少し前、1973年7月16日夜から翌17日朝にかけて、立憲君主国であるアフガニスタン王国のムハンマド・ザヒル・シャー国王が病気療養のためイタリアに滞在している間に、国王の従兄であるムハンマド・ダウド・ハーン王子がクーデターを起こし、アフガニスタン共和国が成立。ダウドが国家元首となり、のちに正式に大統領となった。

一方、これに先立って1965年1月に設立された社会主義政党であるアフガニスタン人民民主党では、やがてヌール・ムハンマド・タラキやハフィーズッラー・アミンを指導者として党員の大多数を占める急進的な「ハルク（人民）」派と、バブラク・カルマルを指導者として同党員のおよそ1割程度を占める穏健な「パルチャム（旗）」派が対立するようになった。

しかし、社会主義・共産主義陣営の盟主であるソ連からの圧力で党内の再統合を図ることになり、ダウドによるクーデター後の1977年7月に開催された合同会議で、ハルク派のタラキが党書記長に、パルチャム派のカルマルが党副書記長に、それぞれ任命された。

そのアフガニスタン人民民主党は、ダウド王子によるクーデター時には王政の廃止を支持していたものの、のちにダウド政権との関係が極度に悪化し、1978年4月27日にはクーデターを起こしてアフガニスタン民主共和国の建国を宣言。ダウド前大統領は殺害されて、タラキが革命評議会議長兼首相（閣僚会議議長）となった。これがアフガニスタンの「4月革命」だ。

その後、タラキ政権は、ソ連と友好親善条約を結び、社会主義的な改革を急速に進めていった。だが、イスラム教の伝統的な考え方を無視したことから、大きな反発を呼ぶことになる。

ソ連のアフガニスタンへの軍事介入

1979年3月、アフガニスタン北西部の中心都市ヘラートで、大規模な暴動が起きた。イスラム教指導者は「ジハード（聖戦）」を呼びかけ、武装勢力の兵士はムジャヒディン（聖戦士の意）と呼ばれるようになる（ちなみにアフガニスタンの西側国境はイランに接しており、そのイランではイスラム革命が起きていた）。

これを不安視したソ連政府は、タラキ議長をモスクワに呼び出して、性急な改革を考え直すよう求めるとともに、経済および軍事援助を与えることも伝えた。それでもタラキ政権が急進的な政策を改めることはなく、アフガニスタン各地で反乱が続発し、同年8月頃になると政府がコントロールしている地域は全土のおよそ半分ほどになってしまう。

こうした状況の中、政権党であるアフガニスタン人民民主党では、ハルク派の内部抗争が激化していく。そして同年3月の内閣改造で首相になっていたアミンは、やがて軍部を掌握。9月16日には兵士に囲まれた議場で同党の総会および革命評議会が開催され、アミンが党書記長および革命評議会議長に選出された。そしてタラキ前議長は、党中央委員会および革命評議会の意向により、10月8日夜に殺害されることになる。

ソ連の元首であるレオニード・ブレジネフ書記長は、自身が守ると約束していたタラキ前大統領の殺害に大きなショックを受けた。また、ユーリ・アンドロポフKGB議長は、アミン議長を排除してもっと穏健な指導者を据えようと決意した、と伝えられている。

同年12月8日、ブレジネフ書記長は、政府の首脳陣を集めてアフガニスタン情勢を検討し、同月10日にはドミトリー・ウスチノフ国防相からニコライ・オガルコフ参謀総長にアフガニスタンへの軍事介入の仮決定が伝えられた。

泥沼の対ゲリラ戦

1979年12月25日、ソ連軍のアフガニスタン限定派遣部隊(第40軍。以下、アフガン派遣部隊と記す)は、アフガニスタンとの国境を越えて軍事介入を開始した(空挺部隊の一部等はアミンの要請でカブール北方のバグラム空軍基地に展開済みだった)。同月27日、首都カブールの書記長官邸をソ連軍やKGBの特殊部隊などが強襲し、アミン議長は死亡。パルチャム派を率いるカルマルが後任の党書記長および革命評議会議長となった。

実は、ソ連の指導部では、アフガニスタンへの軍事介入はソ連の国益に壊滅的打撃を与える、と事前に予想されていた。にもかかわらず介入が実行されたのは、端的にいえばそれ以外のよりマシな手段が見つからなかったため、といえる。そしてソ連軍は、機甲部隊である自動車化狙撃師団を含むアフガン派遣部隊の主力を展開させていったが、各地のムジャヒディン勢力との対ゲリラ戦が泥沼化していく。

一説によると、カルマル政権軍は、最初の1年間で脱走だけで当初の8万名から2万名に減少した、といわれている。そのためソ連軍のアフガン派遣部隊は、1981年には信頼できないカルマル政権軍部隊による大規模な掃討作戦をあきらめて、小規模な

タージ・ベック宮殿急襲

■ソ連軍の進攻ルートと各師団の司令部の位置

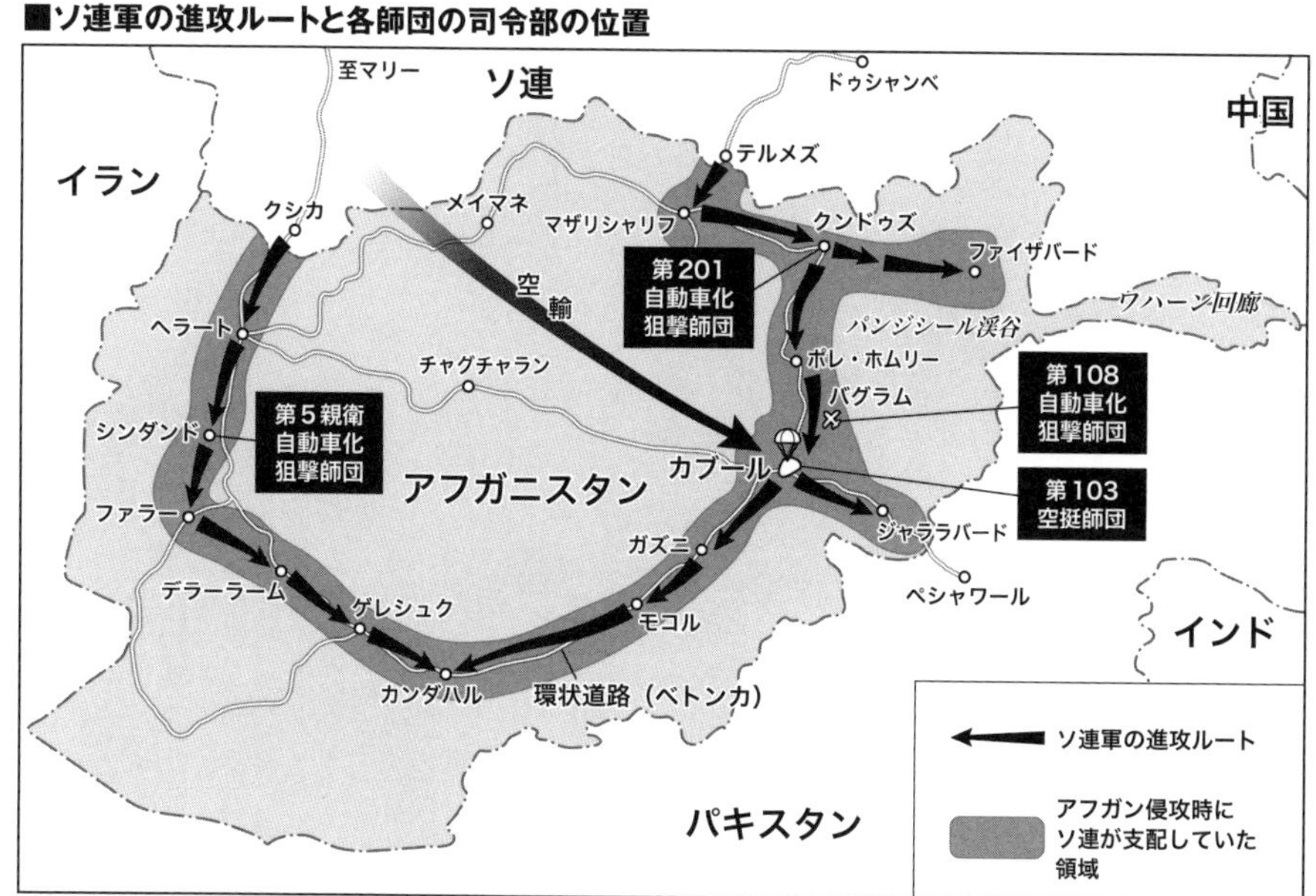

ソ連軍の戦術
圧倒的戦力を持つソ連軍だったけど、山岳地帯の多いアフガニスタンでは大規模な機甲部隊の活躍の場はあんまりなくて…
爆撃機／攻撃機の対地攻撃や、ヘリによる空中機動によってムジャヒディン勢力を掃討しようとしたの
ムジャヒディン勢力の戦術
ムジャヒディン（イスラム聖戦士）側は、アメリカやサウジからパキスタン経由で受け取ったスティンガーミサイルなどでソ連のヘリや攻撃機などを迎撃…
イラン
ソ連
アフガニスタン
パキスタン
インド
ムジャヒディンのリーダーとしては、『パンジシールの獅子』と呼ばれた国民的な英雄・マスード将軍が有名なんだって
さらにソ連軍の小部隊や渓谷内の補給部隊を急襲して素早く撤収するなどのゲリラ戦術を取って、ソ連軍部隊を疲弊させていったのよ

マスード将軍

ソ連軍部隊によるヘリコプターを活用した頻繁な空中機動を中心とする作戦へと移行。翌1982年にはソ連軍の増援部隊を送り込んで、航空部隊による地上攻撃とヘリによる地上部隊の空中機動を組み合わせた大規模な掃討作戦を展開するようになった。

それでもソ連軍のアフガン派遣部隊は、たとえばムジャヒディン勢力のうちアフマド・シャー・マスード将軍率いる勢力の根拠地であるパンジシール渓谷をなかなか制圧できないなど、各地で苦戦を続けることになる。

1984年4月には、パンジシール渓谷に対して、Tu-16爆撃機36機、Su-25攻撃機70機などによる対地航空支援のもとで攻勢に出て、一旦はムジャヒディン勢力の制圧に成功したかに見えた。しかし、翌1985年には、同渓谷にムジャヒディン勢力がふたたび出没するようになった。

1986年3月には、カンダハル北東のザディグハル渓谷で、Su-25攻撃機やSu-17戦闘爆撃機、Mi-24攻撃ヘリやMi-8武装ヘリの支援のもと、ヘリボーンされた特殊部隊(スペツナズ)や地上を進撃する自動車化狙撃部隊などを組み合わせた大規模な掃討作戦を実施しており、アメリカ軍からべ

今もパンジシール渓谷に放置されている、撃破されたソ連軍のT-62中戦車(Ph/Jim Kelly)

ソ連第40軍(アフガニスタン限定派遣部隊)戦闘序列

- 第5親衛自動車化狙撃師団
- 第108自動車化狙撃師団
- 第201自動車化狙撃師団
- 第103親衛空挺師団
- 第56独立親衛空中強襲旅団
- 第66独立自動車化狙撃旅団(第186自動車化狙撃連隊を改編)
- 第70独立自動車化狙撃旅団(第373親衛自動車化狙撃連隊を改編)
- 第2対空ミサイル旅団
- 第191独立自動車化狙撃連隊
- 第860独立自動車化狙撃連隊
- 第345独立親衛落下傘降下連隊
- 第28ロケット砲兵連隊(砲兵連隊を改編)
- 第15独立特殊任務旅団
- 第22独立特殊任務旅団
- 第264独立特殊任務連隊
- 第40軍航空隊(第34混成航空隊を改編)

(主要部隊のみ。「воздушно-десантная」を「空挺」、「десантно-штурмовой」を「空中強襲」、「парашютно-десантный」を「落下傘降下」と訳した)

パンジシール渓谷の戦い

トナム戦争時の「サーチ&デストロイ」によく似た戦術、と評されている(サーチ&デストロイに関しては第二講を参照)。

対するムジャヒディン勢力は、アメリカやサウジアラビアなどからパキスタン経由で、ヘリに対しても威力を発揮する携帯式地対空ミサイルFIM-92スティンガーを含む各種武器の援助を受け取った。そしてソ連軍のアフガン派遣部隊に対して、スティンガーの脅威によって航空攻撃や空中機動の威力を大きく削ぐとともに、単独で僻地を警備している小部隊や渓谷内の一本道を移動する補給部隊の車列などに対する襲撃と速やかな撤収、といったゲリラ戦的な攻撃を続けて徐々に疲弊させていった。

やがてソ連軍のアフガン派遣部隊だけでなくソ連という国家が、アフガニスタンでの対ゲリラ戦の長期化によって、ある意味ベトナム戦争時のアメリカ以上に大きなダメージを受けて、アフガン派遣軍の撤退交渉を始めざるを得なくなった。そして1985年5月から1986年末にかけてムジャヒディン勢力との交渉が進展していく。

このような状況の中、1986年5月4日にはカルマル書記長が失脚し、表向きは健康上の理由として、同じパルチャム派のムハンマド・ナジブラが後任の書記長となり、9月30日には革命評議会議長に就任した。次いで、同年11月30日には新憲法が採択されて大統領制のアフガニスタン共和国が成立し、ナジブラが初代大統領に選出された。

ソ連軍の撤退とタリバン政権の成立

1988年4月14日、スイスのジュネーブで、アフガニスタン、ソ連、パキスタン、アメリカの各代表が、アフガニスタン和平の合意文書に調印。これによってソ連軍のアフガン派遣部隊の撤退が決まった。そしてアフガン派遣部隊は、まず1988年5月から8月にかけて、次いで1988年11月から1989年2月にかけて、アフガニスタンから順次撤退していった。それから2年も立たずにソ連という国家が崩壊することになる。

話をアフガニスタンに戻すと、ソ連軍の撤退後の1992年4月15日にカブールで軍事クーデターが勃発し、翌16日にはナジブラ大統領が辞任してアフガニスタン人民民主党は解散。副大統領による大統領代行や臨時大統領を経て、同年6月28日にブルハヌッディン・ラバニが大統領となり、9月27日にはアフガニスタン・イスラム国が成立してラバニが大統領となった。しかしアフガニスタンという国家は崩壊状態となり、ムジャヒディン勢力各派による内戦が拡大していくことになる。

激しい内戦によってアフガニスタン国内がさらに荒廃していく中、1994年末にパキスタン国境近くに「タリバン」(神学生の意)と呼ばれるイスラム原理主義勢力があらわれて急速に支持

アフガニスタンから撤退していく、第5親衛自動車化狙撃師団のT-62M

を広げていった。そして1996年9月26日にはタリバン勢力がカブールを制圧し、翌27日にナジブラ元大統領が殺害された。

このタリバン政権（アフガニスタン・イスラム首長国）に対して、それ以外のムジャヒディン勢力各派（前述のアフガニスタン・イスラム国政権を含む）はいわゆる北部同盟（アフガニスタン救国・民族イスラム統一戦線）を結成。アフガニスタンでは、この新たな構図の元で内戦が続いていくことになる。

二時間目 アメリカとアフガニスタン紛争

アメリカ同時多発テロとアフガニスタン攻撃作戦

第六講でも延べたことだが、2001年9月11日にアメリカで国際テロ組織アルカイダによる同時多発テロ事件が発生。同年10月7日にアメリカ軍は「エンデュアリング・フリーダム（不朽の自由）」作戦を開始し、北部同盟などとともに、タリバン政権軍に対する攻撃を開始した。

北部同盟は、たとえばラシッド・ドスタム将軍（かつては人民民主党員でパルチャム派。ナジブラ政権時に軍人となった）率いる部隊には、アメリカがウズベキスタンから買い上げたソ連製の

T－55中戦車を含む重装備が提供されるなどして、戦力が大きく強化された。また、アメリカ軍の特殊部隊がアフガニスタン北部などに展開し、アメリカ軍機による航空攻撃を誘導するなどして北部同盟の戦闘を支援した。

そして作戦開始からおよそ1カ月後の同年11月12日、タリバン政権軍は首都カブールを放棄して撤退。同年12月7日には、タリバンの本拠地であるカンダハルの南方で、有力なタリバン部隊が撃破されて、タリバン政権は事実上崩壊した。

この間の11月27日には、ドイツ西部のボンで、アフガニスタンのタリバンを除く主要勢力、新政権についての会議を始めており、12月5日にはラバニ政権時代に外務次官だったハミド・カルザイを新政権の土台となる暫定行政機構の議長とすることで合意していた。

2011年2月、アフガニスタン・ヘルマンド州のエディンバラ前線作戦基地で給油中の、アメリカ第1海兵師団第1戦車大隊D中隊のM1A1

アフガニスタンに展開したカナダ軍のレオパルト2A6M CAN。対戦車ロケット弾などへの防御用として、ケージ装甲を各部に装備している

また、同月20日には、国連の安保理で、国際治安支援部隊（ISAF）の創設が決まり、当初は多国籍軍、のちにNATOの管轄下で活動することになる。

そして、アメリカ海兵隊はM1A1を、イギリス軍はチャレンジャー2を、デンマーク軍はレオパルト2A5DKを、カナダ軍はレオパルト2A6M CANやA4M CAN、レオパルトC2を、それぞれ展開させるなど、主力戦車を含む重装備も投入されることになる。

不正規戦の長期化とビン・ラディン殺害

2002年3月2日、アメリカ軍を中心とするおよそ2000名規模の多国籍軍部隊は、アフガニスタン南東部のシャヒーコット渓谷のタリバン部隊を掃討する「アナコンダ」作戦を開始し、18日間にわたる作戦で一帯を制圧した。こうした多国籍軍の掃討作戦によって、タリバンの多くはアフガニスタンから脱出し、パキスタン北西部の部族地域（トライバル・エリア）に向かうことになった。

2004年10月9日、アフガニスタンで史上初の民主的な選挙が行なわれて、カルザイがアフガニスタン・イスラム共和国の初代大統領に選ばれた。しかし、タリバンは、多国籍軍による攻撃を受けない「聖域」となったパキスタンの部族地域で、パキスタン軍の諜報機関である軍統合情報局（ＩＳＩ）の支援を受けて力を蓄えると、２００５年頃からアフガニスタン国内でアメリカ軍を含むＮＡＴＯ各国軍の駐留部隊に対して即席爆発装置（ＩＥＤ）による攻撃を激化させるなど、勢いを盛り返していった。

これに対してアメリカ軍は不正規戦が続くイラクに兵力や予算、政権中枢の関心も吸い寄せられてアフガニスタンでの有効な戦略を立案することができず、情勢の悪化を食い止めることができなかった。

２００９年１月20日に発足したアメリカのバラク・オバマ政権は、アフガニスタンにアメリカ軍部隊を増派。アメリカ軍は、無人機でタリバンの幹部を攻撃するとともに、２０１１年５月には特殊部隊による急襲でビン・ラディンを殺害した。そしてＩＳＡＦは、２０１４年末に任務を終了してアフガニスタン政府に治安権限を移譲し、以後は同国の治安部隊に対して訓練や支援を行なうことになる。

だが、その後もアフガニスタンの治安は安定せず、アメリカ軍の航空作戦や特殊作戦などの一部は例外として実施され続けた。なお、この間の２０１４年９月29日には、憲法の三選禁止規定により立候補できないカルザイ（２００９年の大統領選挙で再選されていた）に代わって、アシュラフ・ガニが大統領に選出されている。

タリバンとの和平とアメリカ軍の撤退

２０２０年２月29日、アメリカのドナルド・トランプ大統領は、タリバンと和平で合意。２０２１年５月までに他のＮＡＴＯ諸国軍とともにアフガニスタン駐留部隊をすべて撤退させることになった。ところがアフガニスタンでは、タリバンによる治安部隊などへの攻撃が続くことになる。

２０２１年４月15日、アメリカのジョー・バイデン大統領は、同年５月までの完全撤退は困難としていたアフガニスタン駐留部隊を同年９月までに完全に撤退させる、と発表した。すると、翌５月からタリバンの大攻勢が始まり、同年８月15日には首都カブールを制圧。アフガニスタン・イスラム共和国は事実上崩壊した。

そして同月30日にはアメリカ軍がアフガニスタンから完全に撤退し、31日にはバイデン大統領が戦争の終結を宣言。およそ20年におよぶアメリカ史上最長の戦争はようやく終わった。

アメリカ側の関係者は、この戦争が失敗に終わった大きな原因として、アメリカ同時多発テロ事件を起こしたアルカイダの無力化だけでなく、それを匿ったタリバンをアルカイダと過度に同一視して排除を目指したこと、そしてアフガニスタンでの内戦の終結とその後の国造りに深く関わることになったが、その負担に耐えきれなかったこと、などを指摘している。

■初出一覧■

ピンナップ/大扉イラスト：描き下ろし
プロローグ：描き下ろし
第一講：MC☆あくしずVol.65（2022年6月発行）
第二講：MC☆あくしずVol.66（2022年9月発行）
第三講：MC☆あくしずVol.67（2022年12月発行）
第四講：MC☆あくしずVol.68（2023年3月発行）
第五講：MC☆あくしずVol.69（2023年6月発行）
第六講：MC☆あくしずVol.70（2023年9月発行）
特別講義：書き下ろし
エピローグ：描き下ろし
妹兵器占いタイトルイラスト集：MC☆あくしずVol.61～64

■主要参考文献■

Jonathan M.House『Combined Arms Warfare in the Twentieth Century』（University Press of Kansas 2001年）
Donn A.Starry『MOUNTED COMBAT IN VIETNAM』（DEPARTMENT OF THE ARMY 1978年）
Simon Dunstan『VIETNAM TRACKS -Armor In Battle 1945-75』（Osprey Publishing Ltd.1982年）
Chris McNab『WALKER BULLDOG vs T-54 -Laos and Vietnam 1971-65』（Osprey Publishing Ltd.2021年）
Michael Green,Peter Sarson『ARMOR OF THE VIETNAM WAR (1) ALLIED FORCES』（CONCORD PUBLICATION CO.1996年）
Albert Grandolini『ARMOR OF THE VIETNAM WAR (2) ASIAN FORCES』（CONCORD PUBLICATION CO.1998年）
Harry G.Summers,Jr.『American Strategy in Vietnam -A CRITICAL ANALYSIS』（Dover Publications,Inc.2007年）
Chris McNab『Armies of the Iran-Iraq War 1980-88』（Osprey Publishing Ltd.2022年）
E.R.Hooton,Tom Cooper,Farzin Nadimi,『The Iran-Iraq War -The Battle for Khuzestan, September1980-May1982』（Helion &Co.Ltd.2019年）

松岡完『ベトナム戦争』（中央公論社、2001年）
古田元夫『歴史としてのベトナム戦争』（大月書店、1991年）
三野正洋『ベトナム戦争』（サンデーアート社、1989年）
鳥居順『イラン・イラク戦争』（第三書館、1990年）
陸戦学会戦史部会『湾岸戦争』（陸戦学会、1992年）
F.N.シューベルト、T.L.クラウス編（滝川義人訳）『湾岸戦争 -砂漠の嵐作戦』（東洋書林、1998年）
トム・クランシー、フレッド・フランクスJr.（白幡憲之訳）『熱砂の進軍』上下（原書房、1998～99年）
河津幸英『戦場のIT革命 -湾岸戦争データファイル』（三修社、2001年）
河津幸英『軍事解説 湾岸戦争とイラク戦争』（三修社、2003年）
保坂修司『イラク戦争と変貌する中東世界』（山川出版社、2012年）
ボブ・ウッドワード（伏見威蕃訳）『ブッシュの戦争』（日本経済新聞社、2003年）
ボブ・ウッドワード（伏見威蕃訳）『攻撃計画 -ブッシュのイラク戦争』（日本経済新聞社、2004年）
ロドリク・ブレースウェート（河野純治訳）『アフガン侵攻1979-89 -ソ連の軍事介入と撤退』（白水社、2013年）
クレイグ・ウィットロック（河野純治訳）『アフガニスタン・ペーパーズ』（岩波書店、2022年）
田中賢一、森松俊夫『世界歩兵総覧』（図書出版社、1988年）
オスプレイ・ミリタリー・シリーズ『世界の戦車イラストレイテッド』各巻（大日本絵画、2000年～）
『ミリタリー・クラシックス』各号（イカロス出版）
『グランドパワー』各号（デルタ出版/ガリレオ出版）
『戦車マガジン』各号（戦車マガジン/デルタ出版）
『PANZER』各号（サンデーアート社/アルゴノート）
『軍事研究』各号（ジャパン・ミリタリー・レビュー）

イカロス戦車学校
以上でー
萌えよ！戦車学校の全ての授業を終了します！
キーンコーン
カーンコーン
始まりは2005年…長かったわ…
ヤメテー
19年…？
赤ちゃんが成人する時間だよ

最後に皆さんにこの言葉を送ります
カッカッ…
Si vis p

Si vis pacem
汝平和を欲さば――戦への備えをせよ
みんな大好き古代ローマの言葉ですね
逆説的ではありますが
好奇心を持ち続け〝知る〟ことを止めないでくださいね！
タンッ！

ここまで読んでくれたあなたにー
平和のあらんことを！

「萌えよ！戦車学校」完

妹♥兵器占い
巻末おまけコーナー
タイトルイラスト集
MC☆あくしず Vol.61 掲載

MC☆あくしず Vol.62 掲載

MC☆あくしず Vol.63 掲載

MC☆あくしず Vol.64 掲載

萌えよ！戦車学校
戦後編Ⅳ型

萌えよ！戦車学校
戦後編Ⅳ型

萌えよ！戦車学校
戦後編IV型

萌えよ！戦車学校 戦後編IV
書泉グランデ様にて
お買い上げ
ありがとうございます
野上武志

インドシナ戦争中、ベトナムの湿地帯を走行するフランス軍のM24チャーフィー軽戦車

2024年3月1日発行

文　田村尚也
イラスト　野上武志
装丁&
本文DTP　くまくま団
編集　浅井太輔
発行人　山手章弘
発行所　イカロス出版株式会社
〒101-0051
東京都千代田区神田神保町1-105
編集部　mc@ikaros.co.jp
出版営業部　sales@ikaros.co.jp
印刷　図書印刷
Printed in Japan